悦读名品
make magic media

午餐时间聊数学

（意）毛里奇奥·科多尼奥/著

有道/译

化学工业出版社

·北京·

北京市版权局著作权合同登记号：01-2018-5741

图书在版编目（CIP）数据

午餐时间聊数学/（意）毛里奇奥·科多尼奥著；有道译.
—北京：化学工业出版社，2020.1
书名原文：Matematica in pausa pranzo
ISBN 978-7-122-35517-1

Ⅰ.①午… Ⅱ.①毛…②有… Ⅲ.①数学-普及读物
Ⅳ.①O1-49

中国版本图书馆CIP数据核字（2019）第247373号

责任编辑：郑叶琳 张焕强　　装帧设计：尹琳琳 张博轩
责任校对：刘 颖

出版发行：化学工业出版社
（北京市东城区青年湖南街13号 邮政编码100011）
印 装：三河市双峰印刷装订有限公司
787mm×1092mm 1/32 印张$6^1/_2$ 字数106千字
2020年5月北京第1版第1次印刷

购书咨询：010-64518888　　售后服务：010-64518899
网 址：http://www.cip.com.cn
凡购买本书，如有缺损质量问题，本社销售中心负责调换。

定 价：49.00元　

前言

“在我的第一本书中，我讲到了……”我一直幻想着用这个作为开场白。毕竟，很多畅销书都这么说，它可能给我带来好运！说实话，数学有很多宝藏，但是只有少数人在研究数学。大部分人都觉得学习数学是在遭罪，如果不是学校里要学，数学简直就是脑子里没用的垃圾。我认为这非常不对。在完成上一本书《咖啡时间聊数学》之后，我又收集了另外一些有趣的数学知识。既然我们已经来到了《午餐时间聊数学》，有时候我可能会进行一点点拓展，但还是建立在数学的基础原理上。在这本书里，我不会介绍很多论证，也不会写很多超级长的公式，以免影响大家“消化”。如果大家想了解更多信息的话，在这本书的最后我会放上一些网络资源供大家参考。我保证，大家不需要借助这些就能理解我所讲的东西。

毕竟，本书不是一本数学手册。即便我在书中介绍了一些数学的定理和论证，我也不会按照数学课的顺序来选择要介绍的主题。对于那些已经对数学比较有认知的人来说，这本书甚至可能算不上一本正经的数学书。不错，我确实尝试着用比较轻松的语言，不要写得太严肃，但有些人可能还是会觉得很无聊，毕竟书里提到了许多琐碎的小论点。可能有一些读者会说："数学？很棒啊，但是我可不想体验它。"这些人中不乏这样的人：他们在学校里对数学感到莫大恐惧，并且感觉被数学拒之门外，但在内心深处又对数学仍然抱有一点兴趣。那么，在学习数学的时候，为什么不把数学当成一门需要记忆很多公式的学科呢？我想告诉我的读者朋友们：计算是数学里面最没劲的一部分，尤其对数学家来说，他们更不想去计算，所以不停找解题的新方法。没人想强迫大家去喜欢数学，不过至少我们可以和数学和睦相处吧！

我的意思是，如果有人跟你说数学很简单的话，那么你可以直接回答他"你什么都不懂"。正如诺贝尔奖得主丹尼尔·卡尼曼[1]在他的《思考，快与慢》一书中所说，"人的大脑并非生而擅长数学推理的"。根据他的

[1] Daniel Kahneman：以色列裔美国心理学家，2002年诺贝尔经济学奖获得者。——译者（本书脚注若无特别说明，均为译者注。）

理论，我们往往倾向于使用所谓的“系统1”思维，做出较直观、原始的判断，而判断比较准确但是反应比较慢的“系统2”就没那么重要了。知道如何估计贝叶斯概率对我们的祖先来说是没有帮助的，他们需要从掠食者手下逃出并生存下来；而几千年的时间还不足以改变我们的大脑。数学一点也不容易，我们可以把它比喻为跑马拉松。诚然，我们中很少有人能跑完马拉松但这并不意味着我们连散步都不可以。这本书就相当于带大家来一次漫步，走一小段路。不过别担心，我会帮大家走捷径的。

本书分为5个部分。“头盘”部分包含一些悖论，悖论并不一定是不可能的，但乍看之下肯定是不可能的。接下来是“副菜”部分，在这里我们可以从我们看到或听到的事物中获得灵感，从而大概知道数学可以在我们的生活中干些什么。“主菜”部分是一些基础数学，这些是我们生长所需要的“蛋白质”。在“甜点”部分，我介绍了一些有趣的数学知识。最后的“餐后助消化”部分则是总结、致谢和参考资料。

大家不需要真的按照午餐的顺序按部就班地读这本书，可能从前面一个章节过渡到后面一个章节会更有层次，可以加深对不同论证的理解；也可以把最难的部分跳过，等到第二次阅读的时候再看。有时，我谈论的不仅仅是狭义上的数学。我想说的是，数学也是人类文化不可分割的一部分，而不是一个局外人。我想对那些把人文文化和科学文化区分开的人说，文化从来都不是相互独立的。那些这样认为的人可能本身就缺乏相应的文化知识吧。

毛里奇奥·科多尼奥

目 录

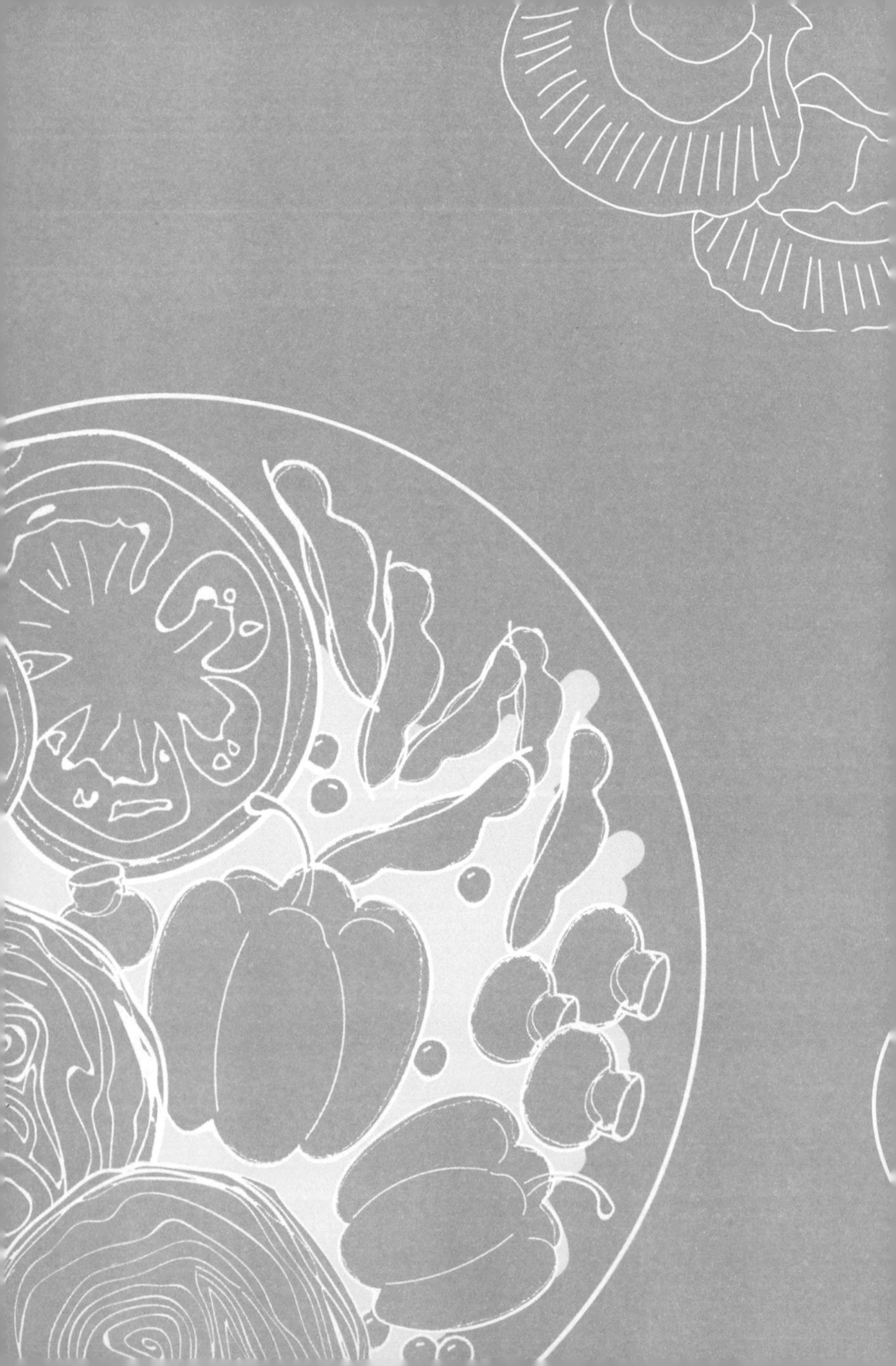

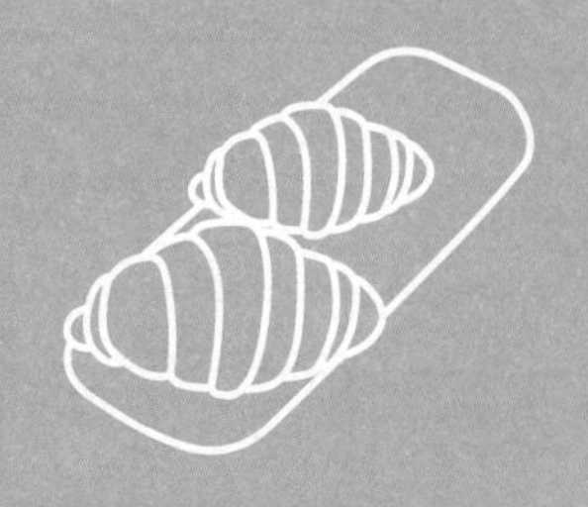

头盘

一些跟数学有关的悖论

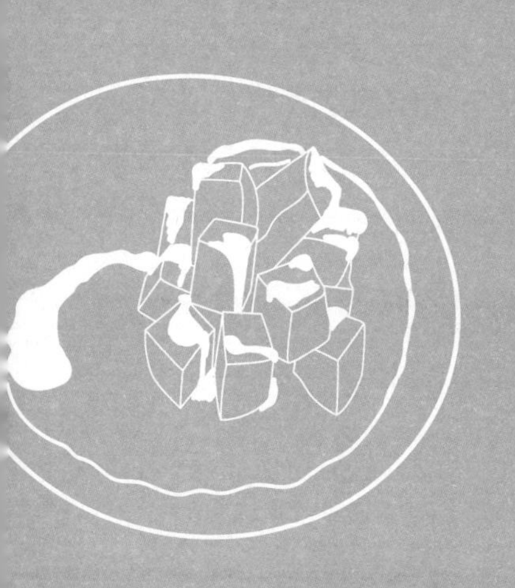

希尔伯特旅馆悖论

这个悖论源于伽利略。在《关于托勒密和哥白尼两大世界体系的对话》一书中，他经过初步观察之后发现：平方数肯定比自然数的数量要少。但是我们可以把每个平方数和其自然数一一对应起来，因此这两个集合所包含的元素应该是一样多的。在有着上千年历史的希腊哲学传统的影响下，伽利略得出的结论是没有人可以用无穷大的数字来解决数学问题，尽管他自己经常背离这个传统。随后，康托尔[1]指出："好吧，问题在哪儿呢？在处理无穷大的问题时，只需要改变一下规则就可以了。我们把能跟集合本身其中一部分对应起来的集合视为无穷大的集合就可以了。"对于认为数学只有唯一答案的人来说，改变规则可能会很奇怪。就像伊恩·斯图尔特[2]先生所言，数学家们停止证明并不是因为这个

[1] Cantor：德国数学家，集合论创始人。
[2] Ian Stewart：英国数学教授，曾出版大量数学科普作品。

是不可能的，如果他们对这个证明感兴趣，他们会找各种方法使之变成可能。

然而，仅仅给出一个无穷大的定义是不够的，这个概念还得跨过科学界向公众进行普及。在这一点上，康托尔并不是一个我们今日所说的聪明的传播者。幸好，戴维·希尔伯特❶对这个很有兴趣，他不仅是19世纪末20世纪初最伟大的数学家之一，还是上流社会沙龙中的常客。希尔伯特在1924年的一次聚会上提出了一个特别的悖论；几十年后，乔治·伽莫夫❷使这个悖论走红，并将其命名为“希尔伯特旅馆悖论”，这个命名违背了当时数学发现不用发现者名字命名的规定。别担心，多亏了《特别的旅馆》（*The Extraordinary Hotel*）一书中的描写，里面或多或少遵循了这个规定。很多人认为这本书是斯坦尼斯拉夫·莱姆❸写的，但其实是由俄罗斯数学家瑙姆·雅科夫列维奇·维兰金❹写的。

好了，接下来让我们详细讲讲希尔伯特旅馆悖论

❶ David Hilbert：德国著名科学家。
❷ George Gamow:美籍俄裔物理学家。
❸ Stanislaw Lem：波兰著名小说家和作家。
❹ Naum Ya. Vilenkin:俄罗斯数学家。

吧！有一个美丽的度假胜地，这里的旅馆有一个独特之处：它有无数的房间，所有的房间都对应一个固定的数字。不巧的是，里面所有的房间都住满了，但是旅馆从来没有贴出过“房已住满”的告示。事实上，如果有一位新客人入住，那么旅馆就会安排他到1号房间，把1号房间原来的客人安排到2号房间（“我们理解您的不便，但我们向您保证，新房间将比现在这间更好！”）。2号房间的客人将被转到3号，3号到4号，直到$n+1$号房间，这样每个人都有自己的房间。不用说，就算来的新客人有100万个，这种方法也适用。到了康托尔杯决赛这天，无数球迷涌进来，这个时候事情就有点复杂了，经理没办法把新客人安排到“无限大”号的房间里，因为无限大不是一个数字。不过经理是个很会变通的人，他把1号房间的客人安排到2号房间，把2号房间的客人安排到4号房间，以此类推，把n号房间的客人安排到$2n$号房间，这样就把所有的奇数号房间空出来，只有偶数号房间住了客人，那么新来的球迷客人就能住到奇数号房间里。这样一来，除了换房间的麻烦和清洁费用变多以外，就没有其他烦人的事了。

还有其他的情况。希尔伯特旅馆属于一家连锁酒店，这家连锁酒店有无数个像希尔伯特旅馆这样有无数房间的旅馆。为了节约成本，酒店决定关闭其他的有无数房间的旅馆，把所有客人都安排到希尔伯特旅馆。这个时候旅馆经理要怎么安排让无数个客人住进无数个房间呢？

我们可以选择最简单的一种方法，将住在n号房间的客人安排到2^n号房间里。然后给其他旅馆单独编一个编号（质数），那么p旅馆n号房间的客人在希尔伯特旅馆的房间的编号就是$p \times 2^n$。由于因数分解定理的独特性，不会产生两个客人被安排到同一个房间的状况。唯一可能产生的状况是旅馆还剩下很多空房间，酒店的管理人员会继续抱怨资源浪费。不过旅馆经理很聪明，他设计了如图1所示的换房间路径。从希尔伯特旅馆开始对所有旅馆进行编号，希尔伯特旅馆为1号旅馆。每当需要安排房间时，则先按图中的方向进行移动。第一次安排房间，1号旅馆1号房间的客人保持不动，2号和3号房间的客人则分别被2号旅馆1号房间的客人和1号旅馆2号房间的客人所取代，2号旅馆1号房间空出。第二次安排房间，4～6号房间的客人则分别被1号旅馆3号房间的客人、2号旅馆2号房间的客人和

3号旅馆1号房间的客人所取代，原来房间的客人则按方向进行移动；以此类推。客人也可以从图中看出自己该住哪个房间。

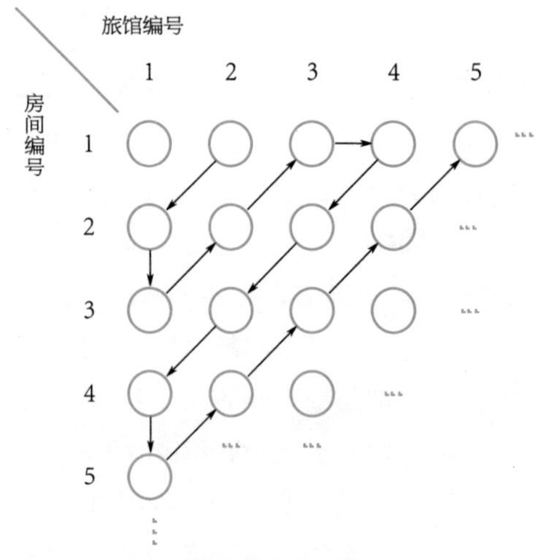

图1　希尔伯特旅馆房间的分配方式

但是可别以为能用这种方法接待所有类型的客人。如果来的客人是公司的代表，每个代表都有对应的公司表示，并且有独一无二的位置做区分，那么正如康托尔所言，这种情况下就没办法接待这些客人了。他们得去用实数进行编号的连锁酒店而不是去用自然数编号的旅馆，似乎……总之，这些区别是无穷无尽的。

最后，我再介绍一个更加令人不安的悖论。在希尔伯特旅馆里有很严格的禁烟规定，不仅旅馆里面不允许吸烟，外面来的人也不允许把烟带进去。有一天晚上，1号房间的客人突然非常想吸烟，但是他没有烟，于是他去找2号房间的客人。2号房间的客人也没有烟，但是他也很想吸烟，所以去找3号房间的客人想要两支香烟，一支给自己，一支给1号房间的客人，以此类推，那么在n号房间的客人可以从$n+1$号房间获得n支香烟，一支自己抽，另外的$n-1$支给前面房间的客人，如此一来大家都能抽到烟，这是怎么做到的呢？

培里悖论

大家知道吗？所有的整数（更准确地说是正整数）都很有趣。这样的例子不胜枚举，真不知该说哪一个。

数字1有趣的原因有很多，比如它是唯一一个倒数也是整数的整数；数字2也很有趣，因为它是唯一一个偶数质数；数字1729是可以用两种不同的方式写成两个数字的立方和的最小整数，这是由拉马努金[1]向哈代[2]提出的数学猜想。他在疗养院的时候发现了这两组立方和，分别是10^3+9^3和12^3+1^3。我们可以继续举例，比如0也很有趣，它介于正负之间，不过在数学上，重复的例子没有太多意义，所以，我给大家举一个真正的例子：我们假设不存在任何有趣的数字，只有“不”有趣的数字，然后选择“不”有趣数字里面最小的（不过我们得承认，“最小的数字”这个特点本身也蛮有趣的），然后我们把它归类到“有趣的数字”里面，那么剩下的“不”有趣的数字呢？“不”有趣这个特点也很有趣啊。所以，根本就不存在“不”有趣的数字。

有人可能会说在定义“有趣的数字”时存在逻辑错误：这个定义太模糊了，没有明确定义有趣的数字应该包含哪些特点。我刚刚所展示的例子其实只是个小调侃，即使认真起来，事情也没有这么简单，接下来我

[1] Ramanujan：印度数学家。
[2] Godfrey Hardy：英国数学家，Ramanujan的老师和合作者。

们就会介绍到。我们把每个数字都尽可能地用式子联系起来，不管做不做计算，我们最后都会得到一个结果。比如数字4，我们可以写作数字4，也可以写作2×2、$\sqrt{16}$、“第2个偶数”（正整数中）、“法国纸牌数量的一半”、“是大于0的数字中唯一一个x的2倍的数字，其中$x+x=x\times x$”等。假设现在要用最短的时间来读出这个数字，因为每个音节发音的时间差不多长，我们就用音节发音的时间来进行比较。如果是数字4，那么读作4毫无疑问是最快的；但如果是999 999的话，那么读作“100万减1”的速度会更快一些。

意大利语中包含很多个音节，成百上千。由若干音节随机组合而成的大多数短语或句子都没有完整的含义。另外，还有很多有含义的短句中并不包含数字，比如“午餐时间聊数学”。这意味着一旦选择了特定数量的音节，就只能描述有限数量的整数。换句话说，原则上我们可以在意大利语中找到不能用少于40个音节表述的最小的整数，我不知道这个数字有多大，但只要有足够的耐心和时间，我们可以把它找出来。但是，有一个小问题。“原则上我们可以在意大利语中找到不能用少于40个音节表述的最小的整数”，这无疑是某个整数的表述。计算一下句子中的音节数：33个音节。假设这个数是N，N就是一个可以用少于40个音节表述，所以N就不是不能用少于40个音节描述的最小整数。是不是有些矛盾？……

最早发现这个悖论的是1904年的培里（G. G. Berry），他当时是英国剑桥大学的图书管理员。很快，培里便致信给当时最出名的悖论研究专家——伯特兰·罗素（Bertrand Russell），罗素此前提出了很出名的理发师悖论：理发师只为不给自己刮脸的人刮脸，那么他应不应该给自己刮脸呢？罗素非常欣赏这个悖论，后来与阿尔弗雷德·怀特黑德[1]合著《数学原理》一书时，培里成为该书中仅有的被提及的两个人中的一位。幸好，对于罗素来说，解决这个悖论没有那么艰难。诀窍在于要减少语义上产生歧义的可能性，换句话说，在进行描述时，不允许描述这个"描述"本身。严格地说，上面的这个句子不算是一个"描述"，只能算是"元描述"。理发师悖论中也是一样的道理，定义哪些人需要刮脸的规则本身是递归的，因为首先需要知道哪些人要刮脸。

[1] Alfred Whitehead：英国数学家和教育家，罗素的老师。

在《数学原理》一书中，罗素认为，能解决问题要归功于对描述的分级，他和怀特黑德把这种分级称为“逻辑类型”，其中的描述都能用更低一级的描述进行描述。遗憾的是，这一结论在二十年后被库尔特·哥德尔[1]不完全性定理否定了，不过这又是另一段故事了。

芝诺悖论

芝诺应该是个“讨人厌”的家伙。没错，对于前苏格拉底哲学，我们往往只能通过简单的资源去了解和接触，我们对芝诺的了解也是寥寥无几。他应该是巴门尼德[2]的学生，同时也是埃利亚学派的一员。同他的老师一样，芝诺认为变化和移动只是幻象，只有存在、不变、静止和永恒才是真理。比起学生的身份，芝诺更像是个发言人、演说家，也许他本人没有真的在做这个，

[1] Kurt Gödel：美籍奥地利裔著名数学家和逻辑学家。
[2] Parmenide：古希腊哲学家。

至少官方没有定论，但是他常常对着许多人口若悬河，用动人的演讲把听众弄得稀里糊涂的。他被视作辩证法的奠基人，也是第一个定义和使用谬论的人：陷阱在一开始往往是很诱人的，但是最后可能引人入深渊。

除了一些悖论之外，芝诺没有给我们留下什么作品。所谓悖论，就是一些两种完全不同的方法都能行得通的问题。在柏拉图尤其是亚里士多德的很多作品中都引用过这些悖论。事实上，除了最出名的“阿基里斯和乌龟”悖论以外，芝诺还提出了许多其他的悖论。在“阿基里斯和乌龟”这个悖论中，乌龟永远在阿基里斯前面一点，阿基里斯永远追不上乌龟，因为每次阿基里斯追到乌龟的时候，乌龟又比他前进了一点点。

那么其他的悖论呢？在“二分法”中，芝诺假设一个人要从A点走到B点。在到达B点之前，需要先到达A和B之间的中点C；之后需要到达B和C的中点D；再之后是B和D的中点E，以此类推，那么他永远都无法到达终点。在另外一种变形的情况——“体育场”中，事情变得更糟：在到达C点之前，我们必须到达A和C

之间的中点Z，但要到达Z点，我们必须先到达A和Z之间的中点Y，以此类推，我们发现我们永远不会从A点移动，因为给定任何一个点，我们都必须先从上一个点移动。在“大小悖论”中，人们会发现线段AB是由无数个点组成的，但是如果这些点有长度的话（即长度大于0），那么线段AB的长度应该是无限大的；但是这些点是没有长度的（长度等于0），那么线段AB的长度也应该是0。最后一个，飞行的箭是静止的，并没有移动。当我们看到箭时，在任一给定的时间点箭都处在一个特定的位置，在这个时间点上我们却永远没有办法看到它从一个位置移动到另一个位置。

如今，我们似乎已经可以通过数学分析来解决悖论问题了。在“阿基里斯和乌龟”的悖论中，把阿基里斯走的路程加起来得到的数值就是阿基里斯超越乌龟需要走的路程。在“二分法”和“体育场”悖论中，解决方法是一样的。至于飞行的箭的问题，我们可以建立一个对应函数，计算并比较每个时间点箭头的位置。不过“大小悖论”的问题就比较棘手了，因为在0到无穷大之间我们没法确定中点在哪里，因此我们也不知道线段AB对应的长度到底是多少。然而，以这种方式回应是不够的，因为实际上我们已经找到对应的解决方法了。住在木桶里的锡诺帕的第欧根尼[1]找到了一个完美的解决方法——他站了起来，然后从A点走到B点。“用实际行动来解决问题！”但是，对于希腊哲学家而言，这不过是把问题转移了而已：这种移动是根据实践证明的，那这是不是一种幻象呢？要记住的是，现代科学是从伽利略开始的，科学家们想弄清的是事物的本质，而希腊的哲学家们想弄清的则是事物的缘由。

亚里士多德在他的回答中开始留意到为什么时间和空间是不定（不是无限）可分（不是被分）的，并且称从开始到结束移动的距离上的点是真实有效的，因为在问题中已经表明了，而这段路上的点还只是潜在的，尚未被证实。亚里士多德还提出了一个问题：任务有没有可能被完成？他回答称，如果真的存在无穷个时间间隔的话，那么是不可能的；如果这无穷个时间间隔是潜在的话，那就没有问题了。但是对我们来说，不存在实际和潜在的区别，所以这个解决方法是行不通的。因此，我们必须借助数学来进行分析，并且证明1+1/2+1/4+1/8+⋯=2。因为空间是连续不断的，所以

[1] Diogene di Sinope：古希腊哲学家，犬儒学派代表人物。

我们不能跳过任何一段。但这是一个纯粹的数学解决方案，我们不能证明它在现实世界中的有效性，除非它接受间接甚至是同义反复的证据（物理学的数学定律，并给出一个与现实相符的结果）。遗憾的是，根据目前的物理理论，还存在一种距离，即所谓的普朗克长度，我们无法定义其空间和时间。

在飞行的箭的悖论中也有类似的问题。为了计算箭的位置，我们必须知道它的瞬时速度，即测量运动距离对时间的导数。然而，同样的问题也出现了。导数的概念是纯数学的，我们没有物理上瞬时速度的定义。简而言之，我们必须相信我们的公式反映的是现实。"大小悖论"里的答案就更简单了，康托尔展示了为何线段中包含无数个点，而我们所学过的数学公理告诉我们，任何数和0的乘积还是0，那么可数的无穷大的数乘以0还是等于0。然而无穷大的数是不可数的，所以这个结果也不得而知。在这里，我们使用了一个技巧——禁止质疑公理。大家觉得这算是一个好的回答吗？

总之，芝诺悖论是为了提醒我们数学是多么美妙、多么有用，但是我们不能假设数学规则对于现实世界总是有用的。我相信芝诺也会很认同这一点的。

两败相遇必有一胜

赌博（这里说的不是朋友间花上一个晚上来决定谁来买单，而是指那些在赌场上进行的真正赌博）最大的特点是：统计学表明，胜利往往不会眷顾赌徒。举例来说，在欧洲轮盘赌上玩的平均每场赌注会损失2.7%的资金，而在美国，损失的资金则会上升到5.3%。另外一个特点（这个在朋友间互相打赌的时候也成立）是：如果在两个游戏中我们都处于不利的情况，那么不管我们怎么把这两个游戏结合起来，我们都不会赢的。

但是凡事无绝对！我们可以定义两场比赛（单独进行的话，每场比赛都对我们不利），如果它们按照一定顺序进行，那么我们就可以获得收益。这个发现是由西班牙物理学家胡安·曼努埃尔·罗德里格斯·帕龙多（Juan Manuel Rodríguez Parrondo）提出的，从另一个完全不同的领域开始进行的研究——布朗运动。这个概念来源于“麦克斯韦妖”，这是一种概念上的工具，它会通过减少封闭系统的熵来违反热力学第二定律。我们可以在图2中看到布朗棘轮模型，它是一个由棘轮和桨轮组成的系统。棘轮被一个棘爪卡住，只能朝一个方向移动。桨轮很小，甚至会被单个分子的冲击所影响。作布朗运动的分子会从两侧随机地击中桨轮上的叶片，但在某个方向上的运动被棘爪阻挡，因此只有相反方向的运动存在，从而产生能量，而这与热力学第一定律相反。理查德·费曼[1]首先发现了这个悖论。如果两个轮处于相同的温度，作布朗运动的分子就会时不时抬起棘爪，导致桨轮向后转。这样的话，桨轮向前移动的可能性与向后移动的可能性是一样的。如果系统两个部分的温度是不同的，那么实际上是可以完成的，但是代价是温差会降低。这正是热力学第二定律所阐述的。

我们回到帕龙多身上。1996年，在意大利都灵召开的一个关于复杂性和无序的欧洲科学研讨会上，他发表了一份，题为《布朗马达的效率》的报告。报告中讲述了布朗棘轮模型的研究进展。其中一张幻灯片的标题是“如何骗倒坏数学家”，正是在这个报告中，这个悖论被命名为现在的名字。

[1] Richard Feynman：美国理论物理学家，量子力学创始人之一。

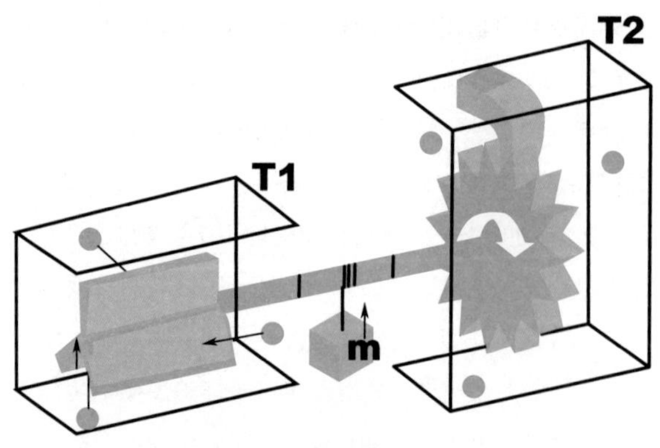

图2　布朗棘轮模型

这个悖论涉及一些具体的游戏。比如，假设我有一定整数金额的欧元，每一局我赌1欧元，赢或输由掷硬币的结果来决定，但是如果这枚硬币被动过手脚，那么我获胜的概率就不是50%。

游戏A很简单，我赢的概率是$0.5-\varepsilon$，ε是一个非常小的正数，为了让大家容易理解，就定为0.01吧，那么我输掉的概率是$0.5+\varepsilon$。

游戏B有点复杂，分为两部分：B1和B2。如果我的本金是3的倍数，那么我赢的概率就是$0.1-\varepsilon$，输的概率是$0.9+\varepsilon$；如果本金不是3的倍数，那么我赢的概率是0.75− ε，输的概率是0.25+ ε 。

如果 ε 等于0的话，那么游戏A和游戏B获胜的概率是一样的（都是0.5）。对于前者来说很好理解，后者的话就得计算一下。如果 ε 是正数的话，那么对于两个游戏来说，我都处于劣势。但是，如果我们想象在AABB模式下进行足够久的游戏，那么我们最终得到的净收益如图3所示，这显示了模拟的结果。如果有人认为，为游戏定义一个预先确定的连续序列，可能会让最终结果偏小，那么随机选择两种游戏中的一种，概率为0.5，最终的收益将会小一些，但仍然有赚。

这怎么可能？关键在哪里？答案是：我们在游戏的定义上作弊了。在实践中，我们并非只有两个游戏，而是有三个（A、B1和B2），其中一个实际上是赢的。的确，如果我们只玩B1和B2两个，那么从统计上看最终的结果将会输，游戏A的设定改变了这个局面，我们可以用一个很简单的模型来帮助理解：在游戏A中，“当我玩的时候，我输掉1欧元”；在游戏B中，“如果我的本金是3的倍数，那么我赢3欧元，否则就输掉5欧元”。单独玩游戏A的话会输得惨不忍睹，游戏B也是一样，平均每一组（两次）游戏都会让我损失2欧元。然而，如果我们将两个游戏结合起来得到ABABAB……，我们的本金是偶数，哪怕是0也可以，如果在第一场游戏之后有人借给我们一些钱，每两场游戏我们将赚2欧元。

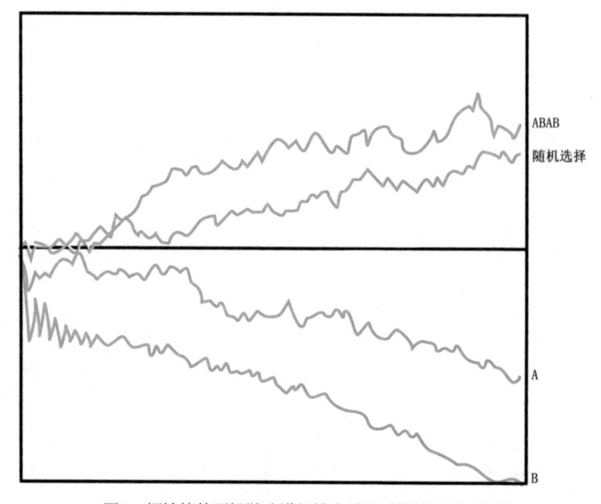

图3　把输掉的两场游戏进行结合后得到的结果反而会赢

这个例子解释了理解悖论的关键是第二场游戏的特殊定义，它的结果取决于一个外部因素：我们的本金。这就好像我们有两个传送带，一个总是以恒定的速度向后退，另一个有时向前有时向后，两者结合，时间长了之后也是在倒退的。很容易看出，当第二个传送带倒退时，它的速度比第一个传送带快。然而，如果我们想要前进的话，我们就要在恰当的时候从一条传送带换到另外一条，当第二条传送带开始后退时换到第一条，等到第二条前进的时候再换回来，以此尽量减少跟我们想要的方向相反的运动，这有点像操纵帆船航行。

令人遗憾的是，在实践中还没有找到一种方法来利用这种悖论，不管是在赌场还是在股市上。实际上，迈克尔·斯塔策（Michael Stutze）在他的《多样性悖论》报告中进行了系列研究，跟帕龙多的悖论相似，通过在高风险股票基金和负利率政府债券中巧妙地进行资产分配来实现收益。不过我比较怀疑它的实用性，也可能是会用这个诀窍的人保密了，数学家们有时也是自私的嘛。

蒙蒂·霍尔悖论

报纸的头版报道的是数学方面的新闻，这种情况并不常见，抛开意大利来说，即便是在英语国家也是很罕见的。然而，蒙蒂·霍尔悖论做到了。1991年7月21日，约翰·蒂尔尼（John Tierney）的文章《蒙蒂·霍尔悖论背后的秘密：谜题、争论和答案？》登上了《纽约时报》的头条新闻。这是有缘由的。1990年9月，美国高智商女性玛丽莲·沃斯·莎凡特（Marilyn vos Savant）在她的专栏中提出了关于蒙蒂·霍尔悖论的问题，此后她收到了1万份答案，当中的大部分和她给的答案不一样。而在此前，1959年马丁·加德纳[1]曾提出过一个类似的问题——三囚犯问题，并且得到了一定数量的评论；他于1975年在写给《美国统计学家》（*American Statistician*）杂志的信中提及了这个问题。而1990年再次提出的这个问题收到的回复数量非常多，因而产生了连锁反应。

[1] Martin Gardner：美国著名业余数学家和魔术师。

这一悖论和直觉非常相悖，甚至连数学和概率计算器也没能给出正确答案——即使是伟大的数学家保罗·厄多斯[1]也没有办法说服自己莎凡特的答案是正确的，直到他在电脑上看到了模拟过程。如果你从未听说过这个悖论，下面有一段文字，你需要仔细阅读，因为这个悖论的叙述必须是绝对准确的，才能得到违反直觉的结果。

假设你到了由蒙蒂·霍尔主持的“我们打赌吧”节目的最后阶段。在你面前有三扇门，你知道其中一扇门后有一部法拉利跑车，另外两扇门后则是山羊；选择其中一扇门后，门后的东西即是你的奖品。并且你也知道，在你做出选择之后，知道哪扇门背后是法拉利的主持人蒙蒂会问你：“确定选择这扇门了吗？可能你是对的。如果你选的是下面这扇门，你会发现你选的是山羊。”说完，他会打开剩下两扇门中的一扇，给你看里面的山羊，然后继续问你：“这是你最后的机会，你是想换一扇门还是坚持最初的选择？”

为了让大家更清楚，我补充一点细节。在这三扇门中有一扇的后面是法拉利，你想要赢得它，毕竟相比之

[1] Paul Erdős：匈牙利著名数学家。

下山羊很不值钱；你知道的是，一旦你选择的门打开了，游戏就此结束；蒙蒂·霍尔打开的那扇门后肯定会有一只山羊；如果你选择的门背后是法拉利，那么他会随机选择打开任意一扇门，如果不是，他就会选择另一扇有山羊的门。我补充这么多细节并不是为了好玩：只有当所有的选择都是正确的，才会使赢得法拉利的概率增加一倍——从1/3增加到2/3。为什么呢？很简单。既然你已经知道蒙蒂会打开有山羊的门，那你就无法获得额外的信息了。在最开始做选择的时候，打开有法拉利的门的概率是1/3。但是当蒙蒂打开一扇门后，改变最初的选择，赢得法拉利的概率是2/3。

在这几年里，我看过许多人根本就不相信改变选择可以使获胜的概率翻番，并且我几乎从来没有成功说服过他们。不过，他们也没有同意与我进行多次打赌，在抽取的55个数字中选择1、2、X这3个数字。在和我的打赌中，我扮演了蒙蒂·霍尔的角色。数字对应着门；我使用确定性算法描述赌局的设定，对于每个和我进行游戏的人来说，在选好后我都会指出另外一个完全相反并且错误的数字，如果对方在获取我给出的信息之后还不改变原来的答案，我愿意额外支付30%的赌金。

谁知道呢，最坚硬的花岗岩在钱面前都可能会动摇，虽然嘴上说着不改变主意。

如果大家没有这样的机会的话，下面有一些可能性来说服你在蒙蒂·霍尔问题中改变选择是值得的。

一是重复这个实验几次。出现一次这样的结果可能是偶然的，但经过几十次测试的话，结果应该会明了许多。当然，对于那些相信根据“大数字定律”，很快便会获得一连串的胜利来翻盘的人来说，这种推理是行不通的。那么，就真的是在赌运气了。

二是增加门的数量。如果不止3扇门，而是有100万扇门的话，玩家选择了1号门，而蒙蒂打开了除1号和142 857号门外的所有门，那么玩家还能那么确定那辆车不是在142 857号门后面吗？这个游戏在逻辑上与只有3扇门时相同，所以法拉利在1号门后面的可能性不应该改变。

三是设想各种可能性。通过对称来简化计算，你可以想象最初选择的门是1号，那么结果会有三种情况（这取决于汽车的位置）。如果它在2号门后面，那么蒙蒂必须打开3号门；如果它在3号门后面，那么他必须打开2号门；如果它在1号门后面，那么他将打开2号或者3号门。这个方案有一个问题，人们常常习惯于把所有的情况都看作等概率事件，比如掷骰子，所以当你选择的门恰好就是汽车对应的门时不会注意到这种隐藏的情况，因此其总和等于其他情况下的概率。

四是想象一下，蒙蒂在打开门之前提供了这样一个选择，他说："你是想确定你的选择，还是选择其他门？在任何情况下，我都会打开你最初没有选择的那两扇门中的一扇，并向你展示背后有一只山羊。"如果你能说明这个版本跟原始版本相同，那么你就上道了。

为什么让人们相信正确的解决方案那么困难？我认为，原因在于人们缺乏相关的概率知识以及科学训练。在这个游戏中，他们只看到了从三扇门到两扇门的转变，因此改变了他们对概率的估算，此外，主持人的措辞也至关紧要。像刚才那样，我非常谨慎地解释了关于游戏的假设。下面有一些例子，它们假设的情形略有不同，从而产生了不同的解决方案。

例如，一个观众打开电视后看到参赛者选择一扇门后，蒙蒂打开了另一扇门，观众不知道参赛者的选择是什么，对他来说两扇门是完全一样的，那么汽车在这扇门或另一扇门后面的概率都是1/2。这个例子说明了概率不是一个客观的东西，而是主观的，就像刚刚假设的那个情况一样：我们给予的价值取决于我们对我们正在试图预见的现象的认识。如果你还没被说服，那就考虑下抛硬币的结果吧。如果知道这枚硬币被动了手脚，你还会不会做出和原来一样的选择？另一种可能性是，蒙蒂真的会冒着输掉汽车的风险，忽视掉赌注，随意打开一扇门。这样，如果这扇门后有一只山羊，那么其他两扇门仍然有同样的获胜机会。这里的不同之处在于，我们知道一辆车可能会出现，所以开门给我们提供了更多的信息，我们可以用它来校准我们的估计。另一种可能——如果我们可以定义很多其他可能——我们知道3是蒙蒂的幸运数字，他可以打开那扇门。如果我们选择了1号门，而蒙蒂打开了2号门，我们肯定知道法拉利在3号门后面；如果他打开了3号门，那么改变选择是必要的，因为剩下两扇门是等概率的。

举了这么多例子，是不是已经晕头转向了？别怕。就像我说的，我们不是生来就能估算概率的。重要的是记住，在你开始计算之前，你一定要小心分析得到的信息，不要太相信你的直觉。

超级任务

一个数学家和一个物理学家死后去了地狱。撒旦向他们讲述了他们将要受到的惩罚，除了不会熄灭的火焰和恶魔的鞭打之外，他们每天早晨都要接受十麻袋的罪恶。第一天，麻袋的编号从1到10，第二天从11到20，以此类推。然而，撒旦又说他们很幸运——这一天是路西法[1]反叛的周年纪念日，每天晚上可以减掉两个麻袋。数学家在听到这个消息时，问他是否每天只减少一个袋子，但是可以选择哪一个袋子。撒旦的数学头脑并没有那么好，所以他同意了。因此，每天早上，数学家和物理学家都有十麻袋的罪恶；每天晚上，撒旦从物理学家那里取走其中的两个，而从数学家那里取走一个，第一天是1，第二天是2，以此类推。

经过很多天以后，最终审判日到来了。上帝对他们说，他可以带一些人到天堂，然后宣判剩下的人要下地狱。数学家辩称自己没有罪。撒旦立即进行反击，争辩

[1] Lucifer：圣经中的堕落天使，魔鬼坠落前的名字。

说他有无限的数字。撒旦心想，物理学家每天都有8个麻袋，一天天累积，麻袋的数量已经无限大了，更何况数学家每天有9个麻袋？数学家回答说，不是这样的，并要求撒旦说出其中一个所谓的袋子。撒旦措手不及，回答道："第42号，第42号！"数学家说："你不记得我在第42天把它还给你了吗？""那第2～74 207 281号！""我在第2～74 207 281晚就还给你了！"最后，撒旦投降了，数学家也成功上了天堂。

数学家对撒旦说的最后一句话是："没想到吧？！"

这个故事，除了平衡数学家和物理学家在笑话中所扮演的角色之外，也使我们更接近超级任务（supertask）的概念：在有限的时间区间内执行的无限编号的操作序列。当然，这个例子并不是超级任务的典型：最终审判将在无限的时间内发生。但不难想象，在解决这个小问题的过程中，会有一种变化加速时间的发展。例如，我们有一个缸（容积无限大），在中午前的1分钟，我们向大缸里投入编号为1～10的10个球，然后取走1号球。中午前半分钟，我们投入11～20号球，然后取走2号球。中午前1/3分钟，我们投入21～30号球，然后把3号球取走。以此类推，中午前的$1/n$分钟，我们投入编号为$10n-9$到$10n$的10个球，然后取走n号球。到中午12点时缸里会有多少个球？这个推理与上面那个故事的推理相似。在缸里没有1号球，因为我们在中午不到1分钟的时候就把它取走了；2号球也没有，我们在中午不到半分钟的时候就把它取走了。那31 415号呢？还是一样的道理。简而言之，对于任何一个编号的球我们都可以证明它是从缸里取出来的，这个缸居然是空的！

现在让我们想象一下，当我们把球拿出来的时候，有点近视，看不清球上写的编号；如此上面的推理不再是有效的——我们怎么知道我们是否真的把1号球拿掉了？因此可以推断这个缸里有无数个球。简直不可思议。

我刚刚描述的就是著名的罗斯–利特尔伍德（Ross–Littlewood）悖论，这是以两位数学家的名字命名的。这一悖论也可以修改，使得最后缸里剩下一定数量的球或者不拿掉任何球但是让缸变空！在这个版本中，在中午12点前1分钟的时候，投入1～9号球；在中午前半分钟，投入11～19号球，同时将之前的球从2开始重新编号，因此缸里将包含2～19号球。在12

点之前的1/3分钟投入21～29号球，并将之前的球从3开始重新编号，缸里的球将是3～29号。以此类推，到12点的时候，缸内就不会有球了。

“超级任务”这个术语是由哲学家杰姆斯·汤姆森（James F. Thomson）在1954年提出的，他定义了典型的例子：汤姆森灯。乍一看，它就像一个普通的灯泡，在$t=0$的时候，灯泡处于灭的状态。它有一个开关，每隔一段时间，就会改变它的状态。$t=1$的时候灯亮，$t=3/2$的时候灯灭，$t=7/4$时灯亮。那么它在$t=2$时的状态是什么？如果$t=0$时灯被点亮，结果会是什么呢？（要是回答“灯的状态是坏的，因为开开关关灯丝会被烧断”，那就没意义了。）

关于汤姆森灯的研究非常细致：即使这是一个概念性的实验，也有人尝试着去理解看看这是不是真的可能，至少在理论层面上进行验证，例如利用相对论所预言的时间膨胀。一些哲学家认为，汤姆森灯没有定义$t=2$时灯的状态的原因是整个过程只定义了$t<2$，在现实世界中，趋向于一个不连贯系统的极限值是没有意义的。简而言之，无穷大既不是奇数，也不是偶数。

其在数学中的这个位置是由建构主义者所提出来

的，他们利用了罗斯－利特尔伍德悖论，指出研究在整个过程中某个特定时间点的状态对于研究在无限大的时间点的状态是没有帮助的。这一点跟我们此前所介绍的二分法悖论没有本质的区别，我们已经看到：在芝诺的例子中我们谈到的是距离，而在这里，逻辑是相同的。在任何情况下，我们都可以改写规则，用恒定速度从A移动到B，再返回到汤姆森灯的例子中。

那么我们就来说说数学和物理世界的不同之处。这个不同之处在于：趋近极限值的过程在数学上是有意义的，但在物理上必须被定义为公理，因为它不能从其他规则中推导出来。此外，我并不认为建构主义是一个非常小的流派：大多数数学家宁愿假装什么也没看到，只是一味计算，什么也不考虑。

啊，我差点忘了：有人把量子物理学也拉下水，而量子物理学最终以悖论的方式结束了。1977年，乔治·苏达山[1]和拜迪亚纳特·米斯拉（Baidyanath Misra）表明，对于一个不稳定的量子系统（将在很短的时间内衰变），继续测量其状态可以使得整个系统没有时间进行无限期衰变，因此会一直处于不稳定状态。这

[1] George Sudarshan：印度裔美国科学家。

有点像多年前宣传的“打电话能延长你的寿命”。从这个实验中产生了之后被称为“量子芝诺效应”的现象，杰夫瑞·布勃[1]和温凯康（Kay-Kong Wan，音译）独立地展示了如何创建量子超级计算机，用有限的时间来进行无限的系统测量。也许在这一章开头的故事中，让物理学家待在地狱里是对的。

说谎者悖论

如果我们想学习数学和逻辑学，《圣经》并不是最权威的资料之一。当然，《圣经》中充满了数字——真的，至少2 000年来，已经有学者通过实践（这可不是科学）从这本由成千上万希伯来语文字构成的书中获得了渊博的学识。然而，如果我们去看数学，我们会很受伤。举一个例子，在《圣经·旧约·列王纪》中记载，户兰为所罗门铸成一个圆形铜海，直径为10肘，圆周为30肘，π 值等于3，这样使得这个圆像是六边形一

[1] Jeffrey Bub：著名物理学家，对量子学研究有卓越贡献。

样。我们先不谈这神圣的逻辑，这无疑是完美的，但对我们来说，它是不可理解的，因此是无用的。

然而，在《新约》中有一个描述，可能反映了最早的逻辑悖论（至少在西方文学中是这样的）。圣保罗在写给提托（Tito）的信中提到了克里特的主教，他是使徒的长期合作伙伴。在《圣经》2008年的翻译版本第1节第12～13行中说："他们中的一个人是先知，他说：'克里特人总是骗子、丑陋的野兽和傻瓜。'这个证词是正确的。"这正是说谎者悖论的内容。

传统上认为，第一个提出这个悖论的人（尽管更准确地说它是"矛盾"）是克里特哲学家埃庇米尼得斯（Epimenides），他说："所有的人都是骗子。"事实上，到这里还是没有悖论产生的——只要至少有一个人不说谎，那么埃庇米尼得斯的声明就是错误的。同样的道理也适用于《圣经》第115节第2行——圣经编纂者肯定很喜欢这个悖论——先知说："我沮丧地说：'每个人都是骗子。'"

至少根据第欧根尼·拉尔修[1]的观点，这是一种自相矛盾的说法，因为它利用了自我引用——一个人说

[1] Diogene Laerzio：古希腊哲学史家。

他在撒谎。这句话是真的还是假的？如果是真的，那么这个人就会假装在说谎，这很荒谬；但如果它是假的，那他就不会说谎，因此他会讲真话，这样一来又自相矛盾了。

这个悖论还有其他的例子。亚里士多德提出："有没有可能下一个命令，使得听从命令的人违背我们的命令？"布里丹[1]把这句话分成了自我引用的句子——从苏格拉底的角度，他说："柏拉图说的是假的。"而柏拉图说："苏格拉底说的是真理。"如此的游戏进行了两遍，但是结果是一样的。然而，没有必要将人带到悖论中。在《模式识别》(*Metamagical Themas*)一书中，侯世达[2]引用了一个自我引用的短语："我是一个错误的短语。"从自我引用的角度来看，它描述了一个纸板，其中一面写着"另一面写的句子是假的"，而另一面则写着"另一面写的句子是真的"。

在上述这些例子中，我们都可以用莫比乌斯带类比帮助理解。拿一段透明的胶带，将一端转半圈，然后将两头粘在一起。这个带子的每个部分看起来都是正常

[1] Buridano：法国哲学家。
[2] Douglas Hofstadter：美国著名学者和作家。

的，但是如果我们沿着带子画线，我们会回到起点。同样的道理也被用于罗素的理发师悖论中。

但自我引用也会导致其他一些笑话。如果有一个你非常喜欢的人，他在逻辑推理过程中相当冷酷无情，你可以说："如果这句话是真的，那么你今天就会和我度过一个充满激情的夜晚。"让我们用数学逻辑来分析它：它的形式是"如果A，那么B"，或者用符号表示成A→B，B是"今天你将和我度过一个充满激情的夜晚"，A是"这句话是真的"。假设A是假的，对于假的逻辑规则（从一个错误的前提中，我们可以推断出任何东西），我们知道A→B必须是真的。但这个新的句子（A→B）恰恰又是A，它必须既是真的，又是假的：这太荒谬了。因此，A是真的，那么A→B也是真的。但是用另一种逻辑推理：如果A→B是真的，A是真的，那么B也是真的！我们可以着手为我们的浪漫之夜做准备了。我们刚刚也看到了柯里悖论：如果你接受自我引用，那么你就可以证明任何东西。

但是，如果在这个悖论中，有人说谎或者是多种情况掺杂到一起的话，那么我们就需要一个直接或间接的参照物了，或者能不能找到其他途径呢？参照物可以没有，但只能通过利用另一种悖论：无穷大。这一想法在1993年由史蒂芬·雅布罗（Stephen Yablo）提出，他提出了一份关于无穷大的声明。

S_1：对于每个$k>1$，S_k为假

S_2：对于每个$k>2$，S_k为假

S_3：对于每个$k>3$，S_k为假

S_4：对于每个$k>4$，S_k为假

S_5：对于每个$k>5$，S_k为假

如果我们的列表中只有一个语句，那就没有问题了。让我们看最后一个语句——“S_n：这是真的”，理由很好懂，因为后面没有其他的描述了，不管是真的还是假的描述都没有。另一个例子是关于空集的神奇属性。从这里我们可以证明在列表中除了一个描述是真的，其他的描述都是假的。现在让我们看无限的情况。我们假设这是一个真实的陈述。根据定义，所有的S_k都必须是假的，所以S_{i+1}是假的。但是这意味着必须有一个指数$j>i+1$，这样的话S_j就不是假的，因此它是真的；如此就产生了一个矛盾，因为S_i是假的。这种推理的结果是，任何一个S_k都不可能是真的。但是，如

果S_1是假的，那么就必须有一个不是假的S_k，其中$k > 1$，这样又产生了一个新的矛盾。

当然，将悖论从自指称性和循环推理转移到无限集并不会带来重大的改进，至少从逻辑的角度来看是这样的。然而，遗憾的是，我们也只能到此为止。

为了少数票

双相系统也会很单调，但它有一个很好的特点：获得最多选票的人获胜，不会节外生枝。麻烦的是，这通常不会发生，往往可能出现两种情况。例如，我们认为2013年意大利的政治选举中有三个旗鼓相当的竞选方，最终产生了一个碎片化的参议院和占了绝对多数席位的众议院。就其本身而言，有一个保证明确定义的赢家的程序是有用的。不过，人们往往希望得到更公平的结果，而不是把大多数的奖赏都给予少数的人。真的没有一个更好的解决方案吗？很明显，没有。

选举制度已经存在了超过2 000年，当时的雅典人已经利用这种制度来进行城邦的选举：他们通过投票来惩罚流亡公民和被认为犯有较轻罪的公民。第一个认识到有两个以上的选择可能会带来一些问题的人是普利尼奥·乔瓦尼（Plinio il Giovane）。至少，他是第一个谈及此问题的人。他在一封信中谈到了当时发生的一切，简直就是2 000年前的博主。

公元105年，参议员阿夫拉尼奥·德罗特被杀身亡，而他的奴隶们有很大嫌疑。参议院被要求决定这些奴隶是应该被杀、被流放，还是因为缺乏证据而被赦免。尽管大多数参议员倾向于赦免，但支持其中一种判决的参议员，没有一派能占到绝对多数。普利尼奥主持了大会，他是支持少数服从多数这一制度的。他让人们对三种处罚方式进行投票。原来想要处决奴隶的派系，考虑到此方案通过之后可能引发游行，于是选择了没有那么激烈的处罚方式，改为投票支持流放，从而使流放获得了绝对多数的票数。

多重选择的问题很明显：它可以建立一个特别的联盟，这个联盟不是支持某个人，而是反对另一个人，从而获得一个与大多数人的意愿相悖的结果。在中世纪，人们试图克服这个问题：莱依蒙脱·鲁洛（Raimondo

Lullo）和尼古拉·古沙诺（Nicola Cusano）设计了非常复杂的方法，以确保在有多位候选人的选举中有一个人获胜，并淘汰掉其他没那么受欢迎的候选人。在数学领域，一个非常复杂的过程往往是错误的。事实上，在法国大革命前夕，孔多塞（Condorcet）侯爵描述了一个悖论，之后这个悖论就以他的名字命名。

我们可以假设一下正在进行优质面包的评选，分别有圆面包、长方包和法棍。评委分别是阿尔多、乔凡尼和贾科莫。阿尔多喜欢长方包，其次是圆面包和法棍；乔凡尼喜欢圆面包，其次是法棍，最后是长方包；贾科莫喜欢法棍，可以接受长方包，但是讨厌圆面包。这种情况完全是循环的，没办法做出一个对所有人来说都完美的排序。在这种情况下，孔多塞试图打破这种平衡，通过给予偏好相对权重来打破平衡，并希望不产生任何循环。

我们似乎又回到了第一步：还没有找到一种选出冠军的方法。这个时候，数学家们便粉墨登场了。皮埃尔·拉普拉斯[1]认为胜利者应该拥有绝对多数的选票，除此之外别无他法。如果没有人达到多数的话怎么办？

[1] Pierre de Laplace：法国著名数学家和天文学家，法国科学院院士。

很简单，拉普拉斯回答说：不停投票，直到选民不干。在你嘲笑这个想法蠢得够明显之前，我得提醒一下大家，根据意大利宪法，意大利总统必须以这种方式选举产生；并且，在教皇选举会议中，红衣主教必须得到超过三分之二的选票才能成为教皇。这个原则在数学上不靠谱，至少在实践中是有效的。

另一位19世纪的数学家查尔斯·道奇森[1]写了三部关于投票系统的专著。他的提议非常复杂，以至于在20多年前，这个问题被证明为归根结底是NP-hard（非确定性多项式）的问题。也就是说，一个问题的复杂性随着可能的选择的数量呈指数级增长。道奇森的名气不是缘于其数学上的成就，而是归功于他以刘易斯·卡罗尔（Lewis Carroll）为笔名发表的作品，这也许不仅仅是个巧合呢。

这个问题后来被美国经济学家肯尼斯·阿罗[2]解决。1951年，他在《社会选择与个人价值》（这本书源自他的博士论文《社会福利概念中的困难》）一书中指出："如果我们排除了给选项分配一个数值差异的可能

[1] Charles Dodgson：英国著名数学家和作家，《爱丽丝梦游仙境》一书的作者。
[2] Kenneth Arrow：美国经济学家，曾获诺贝尔经济学奖。

性，在体制中把个人偏好转向群体偏好的唯一途径是强加或者独裁。”

不可能定理（这就是它的全名）是另一种通常被引用在上下文之外的结果：提及独裁者，人们马上想到的是希特勒和极权主义政权，而现实则更为普通。确切地说，这个定理说明，当至少有两个人和三个可能的选择时，在以下所有条件下，不可能以排序的方式来形成一个群体偏好：

• *普遍性*：顺序必须是完整的（必须考虑所有的选择）和确定的，每一组选择对应于单个系统。

• *没有独裁统治*：不存在个人的偏好成为所有人的偏好，无论这个群体的其他成员的偏好是什么。

• *非强制（或个人主权）*：每个人必须能够以任何方式对自己的选择进行排序，包括最终可能导致的平局，任何最终的结果都必须从一组个人的选择中获得。

• *全体一致*：如果所有人都觉得A选项比B选项好，那么这也必须适用于群体偏好。

• *从无关的替代选择中独立出来*：如果你删除了其中一个可能的选项，那么对其他选项的偏好就不应该改变。

在某些版本的定理中，没有“全体一致”的要求，而是“单一”的要求：如果一个人改变了他的想法，并且确定他的选择是可取的，那么在群体偏好中，这个选项就不会变得不那么可取。

逐字读下来，这些标准似乎都是合理的：唯一可以怀疑的是“从无关的替代选择中独立出来”这一条，但它有一个非常具体的理由。大家还记得吗？有些候选人专门负责干扰投票，明知道自己没有胜出的可能，他们参赛只是为了故意分走竞争对手的选票。这一条就是为了避免这样的情况。

这样的话就无计可施了吗？不一定。在阿罗的假设中，他要求选民将候选人按顺序排列，而不指定绝对的优先顺序，就像对候选人从n到1进行降序排列一样。也许孔多塞是对的，接受任何分数就差不多能打破平衡？我对此持怀疑态度。然而，在数学中，没有怀疑，只有定理。

目前，数学家和经济学家们在视觉上进行引导，根据人们认为的更重要的东西来定义不同类型的系统。例如，对奥林匹克运动会申办城市进行投票时，在每一轮投票中，获得最少票数的城市都会被淘汰，这将一直持续到某个城市获得绝对多数的票数。累计投票中，每个选民拥有一定数量的选票，可以根据他们对候选人的喜好程度对这些选票进行细分，这样的话就可以为自己支持的所有候选人都投票了；并且，选民既可以投支持票，也可以投反对票（如果他认为候选人不合适的话）。通常，当有几种选择同时存在时，上面讲的任意一种选举方法都会产生不同的获胜者：选民选择其中一个候选人而不是另一个，这取决于选民认为前者更符合自己对心目中获胜者的标准（比如，这种投票机制有时对中间派更有利），或者有时不是，而是取决于选择这种投票机制的人想要获得什么样的结果。总之，我们现在有证据了：数学比其他学科更能“为虎作伥”。可能大家之前这样怀疑过，不过现在可以确定了。

最后一个关于选举的悖论被称为辩论悖论，由菲利普·佩蒂特[1]提出。让我们假设一下，一家公司的三名员工需要在加薪和安装安全设备之间做出选择。如果他们对以下三个问题的回答都是肯定的话，那么他们将投票支持安全设备的安装：危险是否比较严峻，安全设备

[1] Philip Pettit：爱尔兰著名哲学家和政治理论家。

能否真的起作用，不加工资是否可以承受；否则，他们将投反对票。这三名员工的判断如下。

员工	危险是否比较严峻？	安全设备能否真的起作用？	不加工资是否可以承受？
A	是	是	否
B	是	否	是
C	否	是	是

从表格中可以看出，没有一个员工会投票赞成安装安全设备，尽管每一个问题都得到了大多数人肯定的回答。简而言之，如果把每个单独的点拿出来讨论，最终的结果跟任由每个人做出自己的选择之后得出的结果是不同的。

我再强调一下：投票一点也不容易。

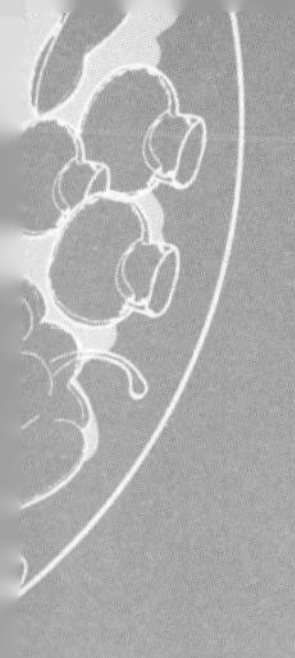
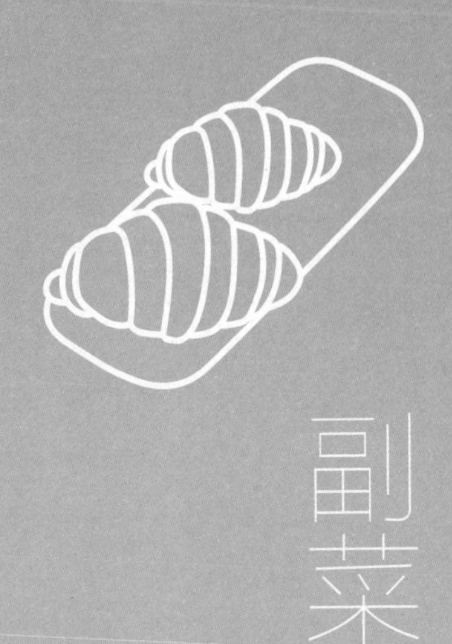

副菜

现实生活中的数学

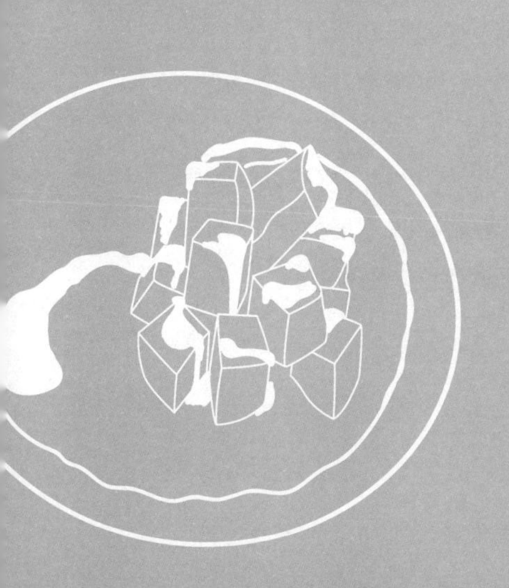

改头换面

想必大家都听过“一张图片胜过千言万语”这句话很多次了，而且很可能从来没有见过这句话通过图像表达出来，这似乎再自然不过了……除了这句话，你肯定还会发现，近年来，报纸文章中使用的图片越来越多了。现在有一种技术，能对一组数据进行处理，然后通过图像进行展示，从而使得读者可以马上理解文章内容，这便是如今广为人知的“信息图表”。这个想法一点也不愚蠢，它使我们可以更好地理解数据之间的关系，而不仅仅是数据本身。在很多情况下，理解数据之间的关系更重要，至少在一开始是这样的。然而，通常情况下，太多图表会分散人们对数据的注意力。但也许我是出于嫉妒吧，因为我没有足够的想象力去创造吸引眼球的图片来帮助表达我的文字。

然而，正是由于信息图表的简单性，它们所传达的信息可能与真实的信息截然不同。我并不是在故意引用部分数据或错误的数据来恶意评论这样的例子，它们的数据都是准确的，问题在于这些数据传达错了信息。下面就有一个真实的案例：2010年，英国石油公司在墨西哥湾制造了生态灾难。英国Iglu Cruise旅行社准备了一份信息图表，以报道此次事故的相关新闻；在稿件最后一部分，他们引用了之前的生态灾难来与此次的3 800万加仑[1]石油泄漏做比较——从1991年伊拉克军队在第一次海湾战争期间为阻挡美国人的进程而点燃、倾倒5.2亿加仑石油，到1989年埃克森公司瓦尔迪兹号（Valdez）油轮泄漏1 100万加仑石油。大家可以在图4的上面这张图中看到这些信息。快速地看一下这张图，你会觉得，2010年这次石油泄漏损失非常严重，但是相比1991年海湾战争时的5.2亿加仑，并没有那么高。当然，一些环保主义者可能会争辩说，比起海上石油泄漏导致的生态系统被破坏来说，海湾战争时在沙漠中被烧掉的石油算得了什么。但是数字图表表达得很清楚：目前的灾难只是上次灾难的一小部分。难道不是吗？

不，不完全是这样。这张图有一个很基础的问题：

[1] 容积单位，分为英制加仑和美制加仑。1英制加仑约合4.546升，1美制加仑约合3.785升。——编者

不同损失（3 800万与5.2亿）之间的比率对应的是各自圆的直径。令人遗憾的是，这次使用的信息图表不是条形图（在条形图里，数值的大小和长度是对应的）而是圆形，也就是二维图形。在这种情况下，要考虑的对比是面积；两倍的直径所对应的面积是四倍，而不是两倍。接近1 ∶ 14的比率（3 800万比5.2亿）就变成我们看到的1 ∶ 200。据说，在错误被发现后，IgluCruise只是简单地改变了信息图表：如果你在他们的网站上检查，你会看到一个正确的面积对比图——图4的下面这张图，而文件名以“更新”结尾。

大家是不是想知道如果设计上面这些信息图表的人使用条形图来表示这些石油泄漏事件会怎样？我的答案是，不管怎样，他肯定会犯错误。一个条形图，或者一个柱状图，或者全景图片，都是一维图形。当图形所代表的数据呈线性增长时，使用这些一维图形是有意义的。泄漏的石油是液体，可以在一个表面上扩散开来，因此最合理的方式是用二维图形表示。圆形和方形是最简单的二维图形，但在这种情况下，也可以绘制成一些点，赋予其更深层次的含义。显然从视觉效果来看，选择这个图形还是另一个图形并不是无关紧要的。圆

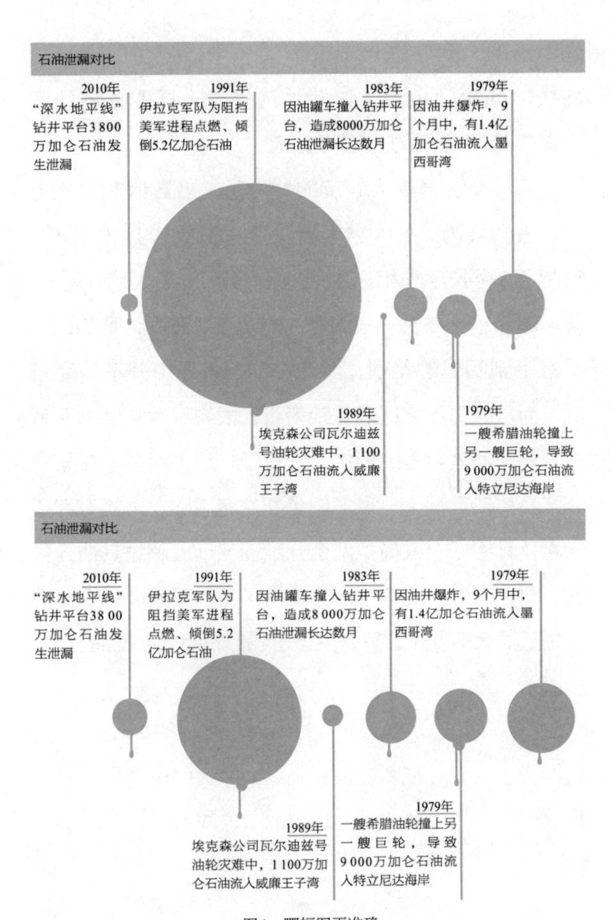
石油泄漏对比
2010年
“深水地平线”钻井平台3 800万加仑石油发生泄漏
1991年
伊拉克军队为阻挡美军进程点燃、倾倒5.2亿加仑石油
1983年
因油罐车撞入钻井平台，造成8000万加仑石油泄漏长达数月
1979年
因油井爆炸，9个月中，有1.4亿加仑石油流入墨西哥湾
1989年
埃克森公司瓦尔迪兹号油轮灾难中，1 100万加仑石油流入威廉王子湾
1979年
一艘希腊油轮撞上另一艘巨轮，导致9 000万加仑石油流入特立尼达海岸
石油泄漏对比
2010年
“深水地平线”钻井平台38 00万加仑石油发生泄漏
1991年
伊拉克军队为阻挡美军进程点燃、倾倒5.2亿加仑石油
1983年
因油罐车撞入钻井平台，造成8 000万加仑石油泄漏长达数月
1979年
因油井爆炸，9个月中，有1.4亿加仑石油流入墨西哥湾
1989年
埃克森公司瓦尔迪兹号油轮灾难中，1 100万加仑石油流入威廉王子湾
1979年
一艘希腊油轮撞上另一艘巨轮，导致9 000万加仑石油流入特立尼达海岸

图4　哪幅图更准确

是中性的，而在这种情况下的一个点是负的，尽管从数学的角度来看，这两种选择是一样的，不像圆形和条形图之间的差别那么大。

另一个容易令人误解的地方是，当数值非常接近时，人们会选择扩大它们的差异。在图5的右侧部分，绘制了3个长度与相应数值对应的条形图。用肉眼看，条形图几乎一样长——即使选择使用了图表，我们也几乎看不到明显的差别。而在左侧，条形图并不是完整的，而从条形图之间的差距来看，很容易感觉到后两者之差是前两者之差的两倍，这样就一目了然了。在某个非常具体的情况下，条形图是非常有用的——当有许多元素，其中一个或最多两个元素的值远远超过其他元素的值时。当然，这并不意味着用了新的图表以后事情就发生了很大的变化，只是突出了我们想要的数据而已。

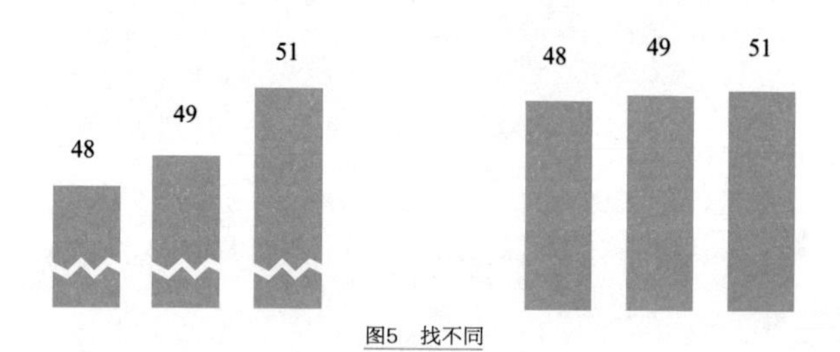

图5　找不同

还想再看一个例子吗？请看图6，这是2016年2月《24小时太阳报》发表的一篇文章中的信息图表，它显示了欧洲各国公共债务的增长。

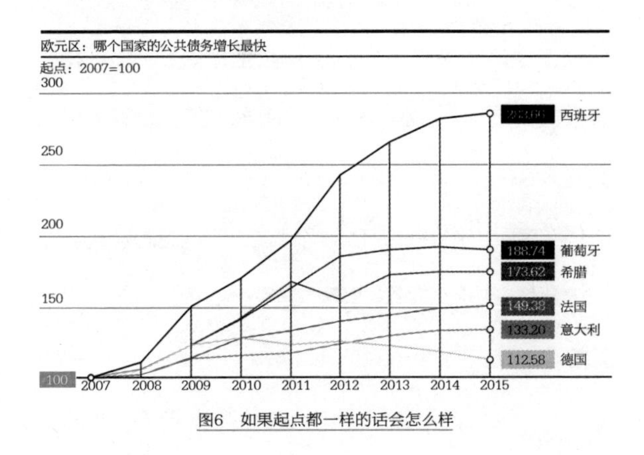

图6　如果起点都一样的话会怎么样

所有国家的起点都以该国2007年债务对GDP的比值（国债负担率）作为基准值，设为100；该图显示，近年来意大利的表现相当不错，只比德国差一点而已。真是这样的吗？确实，这篇文章是对的。然而，这张图并没有指出不同国家真正的国债负担率水平并不相同。2007年，意大利的国债负担率为103.3%，而西班牙仅为36.3%，略高于三分之一。这对西班牙是个非常有利的起点，因此尽管其债务在后面几年出现了大幅增长，但它仍然比意大利表现好——实际的国债负担率仍低于意大利。

如果大家还不相信，我们可以将爱沙尼亚的数据添加到图中。2007年，它的国债负担率是3.7%（是的，小数点前只有一位数）；在2013年增长至10.1%（相对数是272.9）之后，2015年又降至9%（相对数243.2）。体现在图中，它的情况会相当糟糕，但是想想意大利的国债负担率已经从103.3%上升到了132.8%，我们哪还好意思说我们比他们好呢？

在上面说的这些例子中，图像都传达了扭曲的事实，这破坏了信息图表的真正优势。幸运的是，只要仔细看一看，你就能发现其中的诡计；不过，你得先知道诡计是什么才行。

齐夫定律和长尾效应

亚瑟·克拉克❶因为很多东西而闻名于世，其中有这样一句话："对于足够先进的技术，连魔法都难辨真假。"我们可以把技术换成数学，再说一句类似的话。其实，数学不需要做到如此先进也可以，因为大多数人既没有知识也没有能力去了解一些相对简单的数学概念背后的东西。要是没有人利用这些概念通过真实或假想的方式去推销一些名不副实的东西，那么这一切就不会那么糟糕了。至少在我看来，在21世纪初非常流行并且直至今天仍然被奉为圭臬的所谓"长尾效应"也是这样的。

不过，在描述它之前，大家得回顾一下以前的内容。在《咖啡时间聊数学》一书中，我讲述了本福特定律：从某种类型的集合中随机取一个数字，选中1比选中9容易得多。另外，我得解释一下，"定律"这个词在数学上意味着"不是一个定理，但总有它适用的地

❶ Arthur Clarke：英国科幻小说家。

方”。本福特定律适用于有很多元素的集合，而这些元素含有很多变化的维度——我们没法统计人类的身高，但是要推测有8 000个居民的意大利小镇的居民身高还是可以的。这种类型的数据通常也适用于另一项定律：齐夫定律。

齐夫[1]既不是数学家也不是统计学家，而是语言学家和文献学家。在今天，把这些领域与数学联系起来似乎并不奇怪，尤其是计算机科学：计算语言学是一门值得尊敬的学科。然而，齐夫于1950年去世，当时计算语言学因为缺乏“原料”（没有计算机，而不是没有语言！）还没有诞生，因此齐夫真可谓是先驱了。在20世纪上半叶，语言学家已经开始用一定大小的句子来构建语料库，试图以人类语言的基础来推断规则。齐夫拿了一个这样的语句文集，统计了各种词的频率分布，然后得到了一个意想不到的结果。

当然，在语料库中有的词出现频率比较高，例如介词和连词，也有比较不常用的词。举一个现实中的例子，IntraText网站说《约婚夫妇》中有223 856个词，其中不同的词共有19 694个（考虑到书面形式，作为

[1] Georg Kingsley Zipf：美国著名语言学家和文献学家。

形容词的sole和作为名词的sole是同一个词，只是表现形式不同)，这其中有10 171个单词只出现了一次。最常见的单词是e，它出现了8 165次；之后是che，出现了6 633次；最后是di，出现了6 300次。现在让我们把单词出现的次数降序排列，然后用图表来进行表示，横轴表示某一频次单词的数量，纵轴表示单词出现的次数，如图7所示。这张图并没有传递太多信息，它看起来有点夸张。但是，如果我们将横轴和纵轴都用对数值进行表示，那么事情就会大变样，正如我们在图7中所看到的那样。

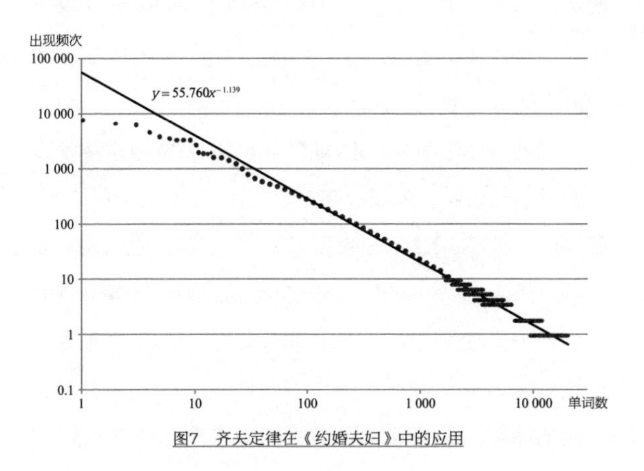

图7　齐夫定律在《约婚夫妇》中的应用

这些点的排列近似一条直线！齐夫最初的假设是，k级单词的出现次数约为最常用单词出现次数的$1/k$，用公式来表示是$y=Cx^{-1}$，其中C是最常见的单词出现的次数，x表示级别，y代表频率。然后他修正了最初预估的公式，用了比-1更小一点的指数。例如，在《约婚夫妇》中，是-1.139。

为什么齐夫定律会行得通呢？齐夫认为，在每一种语言中，都有两种对立的力量在起作用：一方面，说话的一方为了节省时间，他们想用尽可能少的词语来交流；另一方面，又需要很多可用的词汇来不断引进新的概念。最终的结果是，“封闭”类的单词，例如连接词和介词，被大量使用，而那些逐步产生、具有特定目的的词则降低了使用频率。

另外一种使用齐夫定律的情况是用本福特定律预设一个类似的机制。如果存在一个定律，能够预测单词出现的相对频率，那么即使语料库变小，这个规则也应该有效。因此，我们需要的是一个不变的指数，能够立即产生一个指数型定律，从而和指数刻度坐标系中生成的直线对应。

正如我上面所说，在纯粹的齐夫分布中，直线的斜率是-1；实际上，斜率在-1和-2之间变化，特别是在语料库很小的情况下。事实上，出现频率最高的词的出现次数往往比定律中预估的次数要少，并且图表的右侧也存在偏差。大家可以看到，一个单词的最高出现频率不会超过某个数字，而在低频区会出现很多线段。然而，从实践的角度来看，我们仍然把这种分布当成是连续不断的，就像我一直所做的那样：我们已经在用近似的值进行估算，并且肯定不会用一个非整数来吓人。

正如本福特定律一样，齐夫定律也适用于很多地方：只需要选取一个包含很多元素和一个内部机制的数集就可以了，比如畅销书的分类或按照粉丝数量进行排序的推特个人主页等。这并不奇怪，即使在这些情况下，也有相反的力量存在，类似于那些在语料库中帮助形成词语分布的力量一样。例如，在畅销书的例子中，我们可以想象出畅销书都喜欢进行口碑营销，而其中最重要的就是多打一点广告，这样卖出去的书会更多；但是也存在许多的小众市场，这里的消费者仅仅是出于对于某种事物的热爱而去买书的，这就是我们所谓的相反的力量。如果我们用的是通常的笛卡尔坐标，我们就会看到齐夫定律在x轴上的增长趋于零，但永远没办法到达（x轴是渐近线）。当x增大时，曲线和函数之间的面积（也就是积分）在夸张的情况下趋于无穷大；即使齐夫的系数接近-1，它的值也相当大。这个积分大概是所有离散分布值的和。这是正确的，因为你无法卖掉一本书的一半，因此利润不可能是无限的。但不可否认的是，为了赚钱你可以只卖几种物品，但是每种物品都卖很多份，也可以出售很多种物品，每种物品只卖一点点。

克里斯·安德森[1]注意到了这条定律，给它起了一个很有趣的名字——长尾效应，并因此声名鹊起。这个词第一次出现是在《连线》(*Wired*）杂志2004年10月的一篇文章中，之后出现在了书中。长尾效应是一种模式，至少在一开始就帮助亚马逊网创造了财富。当这家商业巨头还是一家简单的在线书店时，它的收入除了来源于提供超过40%折扣的畅销书外，还来源于其在短期内大量提供的“不可思议”书籍。在后面这类书中，每一种都只卖一本，最多两本，但有成千上万种书，结果大家有目共睹。这个模式很吸引人：简而言

[1] Chris Anderson：著名作家。

之，安德森把数学运用得真是巧妙。糟糕的是，我也用了这种模式，然后让大学里的许多人相信这个模式的普遍性！

在现实世界中，长尾效应对亚马逊很有效果。在一个拥有数百万种不同商品（各种图书）的市场中运作，它不需要拥有大量的库存。如果一本书在销售排行榜上排首位，那么书店肯定会大量引进这本书，但是如果我在亚马逊上订了《混凝土的奇妙世界》这本书，亚马逊就会和出版商联系，然后寄给我一本。但工业生产者如何做出这样的事呢？举个例子，在百味来[1]，也许你可以创造出成千上万种不同口味的意大利面，但是你如何在商店里分销呢？有人尝试着做这样的事情：为可口可乐瓶和能多益[2]榛子酱罐子制作个性化的标签。然而，这些干预措施只涉及了包装，而不是产品。

无论多么有吸引力，数学模型都应该与现实世界相关联，但要检查所做的简化不会使我们偏离主线：在理论上得出正确的结果，但是在实际生活中却毫无用处。

[1] Barilla：著名意大利面品牌。
[2] Nutella：意大利著名榛子酱巧克力品牌。

比起现实世界，在虚拟世界中使用齐夫定律能让我们更有满足感。

条形码及其检测

你是否曾经想过条形码是如何工作的？从理论的角度来看，这个系统相对简单。条形码的正式名称是EAN-13（E本来代表欧洲，但现在在世界范围内都通用），由13个数字组成。每个国家都有一个或多个前缀，如意大利、圣马力诺和梵蒂冈的前缀是800～839。在这几个国家，不同的公司会根据这几个数字进行编码来区分管理自己的产品。

从技术的角度来看，每个代码数字对应着不同宽度的黑条与白条的特定组合。事实上，这些不是我们平时所看到的数字，而是被二进制数所代替了。1代表一个黑条，0表示一个空白。如果一个黑条或一个空白很宽，则意味着有更多相同的连续二进制数。另外，还有三组控制线，两组在两端，一组在中心，使得扫描枪能对齐条形码，准确地读取数字。条形码分为两个包含6个数字的组：第2～7位有两种可能的编码，而第8～13位有一个唯一的编码，它正是前两个编码其中一个的回文，这样的话既可以从左往右读取条形码，也可以从右往左读取条形码。

那么大家也许会问了：那第一位上的数字是怎么编码的呢？很聪明的问题。对于第一个数字，没有采用编码，这是一个元数据。这多多少少有点像隐写术，也就是说，巧妙地在一条信息里隐藏另外一条信息。对于第一组的数字，使用这个或那个编码是通过第一个字符所代表的条形码依次进行选择的。

但是，即使扫描枪读码非常准确，也会有读取错误的可能。不小心把花生装进香槟箱子里，然后客人给的还是香槟的钱，这样不是很好吗？这种情况下，你能做些什么呢？很简单：第13位数字是其他12位唯一定义的校验码。这意味着，在读取条形码的各个数字时，也会执行一些校验操作——就像在用试金石一样，如果最终结果跟预期的结果不一样，那么就意味着出现了问题。

在EAN码家族中，即使有13位以外的数字，这些操作也很简单。在编码过程中，最右边的数字会被去掉——即便它是负责校验的数字，我们照样不认账！然后把数字从右到左按数位交替乘以3和1，再进行相加。只取最终结果的最后一个数字——这显然是0～9之间的数字；然后用10减去这个数字，得到的结果就是EAN码的第13位数字；如果结果是10的话，那么第13位数字就为0。为什么我们可以运用这个算法？首先，大家可以看到，这种方法可以很容易检测到任何一位数字上的错误。并且，如果有两个数字不小心调换了，也几乎总是能发现。唯一没办法检测出的是当这两个数字刚好相差5的时候，因为乘1或乘3相差的刚好是2，而2乘以5刚好等于10。这里就不去管为什么是乘以1或3而不是1或2了，但肯定是有原因的。不要跑来跟我说什么“谁会在乎一个条形码中间有两位数字被调换了？”显然，你们是没有买到那种条形码是售货员手写的，没办法读取出来的产品。

我们能通过校验码把条形码设计得更好吗？没错。这里有一个例子是十年前十位数的ISBN代码，不是现在的ISBN代码，那时它的地位跟现在的EAN代码是一样的。啊，对了，现在书和其他东西都是商品，和其他产品一样有代码。ISBN-10和ISBN-13代码几乎是一样的，区别在于对后者来说多了一个虚构的国家代码——“书城”（bookland），在其他代码前加上了前缀978；此外，校验码的计算方法也是不同的。确切地说，在旧的ISBN代码中，将不同位置上的数字分别乘以1，2，3，…，10，最后的和必须是11的倍数。但是是从右到左还是反过来呢？好吧，这无关紧要。既然我们对除以11后的余数感兴趣，那么我们就采用模块式算术：我们假设时钟上有11个小时，不是12个小时，然后让这些数字向前或向后移动一格。如果我们把两个指针方向相反的数字相加，那么得到的结果将会是0的镜像——由于0与其本身是相反的，所以没有任何问题。

由于11是一个质数，这可以证明在两个ISBN-10书号中，不可能存在8位数字匹配而另2位数字是互换的情况。从更广泛的角度上来说，所有有效的条形码相互之间至少有2个数字是不同的。因此，以EAN码为例，如果一个条形码中只有1个数字是错误的，那么这个条形码肯定是无效的。唯一的问题是，这个校验位有11种不同的可能性，而我们只有10个数字。这就是为什么我们有时会看到字母X，它代表的就是数字10。

其他关于使用校验码的例子是税号和IBAN（国际

银行账户号码）。在税号中，最后一位数字的计算是通过把字母和数字进行编码得到的。当序号为偶数时，是跟1～26中的任意一个数字进行计算；当序号为奇数时，则是跟另外一个数字进行计算（W除外，不管在什么情况下，它都等于22，谁知道是为什么呢）。最后一个字符对应于26模块下的前15个字符的值的和，余下的0对应A，1对应B，以此类推。即使在这种情况下，与EAN一样，还是有一些被调换的字符没有被检测出来。

序号为偶数时字母和数字的对应转化				
A o 0= 0	F o 5= 5	K = 10	P = 15	U = 20
B o 1= 1	G o 6= 6	L = 11	Q = 16	V = 21
C o 2= 2	H o 7= 7	M = 12	R = 17	W = 22
D o 3= 3	I o 8= 8	N = 13	S = 18	X = 23
E o 4= 4	J o 9= 9	O = 14	T = 19	Y = 24
				Z = 25

序号为奇数时字母和数字的对应转化				
A o 0 = 1	F o 5 = 13	K = 2	P = 3	U = 16
B o 1 = 0	G o 6 = 15	L = 4	Q = 6	V = 10
C o 2 = 5	H o 7 = 17	M = 18	R = 8	W = 22
D o 3 = 7	I o 8 = 19	N = 20	S = 12	X = 25
E o 4 = 9	J o 9 = 21	O = 11	T = 14	Y = 24
				Z = 23

就IBAN来说，情况有点复杂，因为它是一个国际标准，把来自不同国家的标准集合在一起。让我们从国家的部分BBAN说起吧，BBAN在意大利是由古老的ABI和CAB代码组成的，并与银行账户号码相关联，总共有22个字符（通常是数字，但理论上也可以是字母）。在税号的例子中，是通过把奇数和偶数的序号区分开，然后对应到表格中进行编码的，最后得到的结果是把0转化为A，1转化为B，以此类推，这就是CIN码。在这种情况下，有两个特点：第一个是两个编码中的W和Y对应的是相同的值，第二个是有29个可能的字符而不是26个。这并不是因为数字和字母被认为是不同的（数字0～9与字母A～J相对应），而是因为字符“。”“，”“/”在编码中也可能存在，这些字符

在向国际化过渡的过程中被淘汰了。IBAN接着又添加了4个字符：两个表示国家——对我们（意大利）来说是“IT”——还有两个是校验数字。计算的过程非常有意思：在BBAN条码的右侧添加IT00字符串（或代表其他国家的两个字母），并把所有的字母替换成10（A）到35（Z）的数字，然后除以97，再用98减去最后得到的结果，如果结果小于10，就把它放到0的前面。这样的话，我们可以得到从02到98的两个字符，而位于条形码左侧的校验码就在国家代码的旁边。

有人会问了，为什么这里用到的是97的表格呢？因为它是小于100的最大的质数。还有人会问了，为什么要用两个数字而不是一个呢（虽然CIN也是一种校验数字，但我之前已经解释过了，这仅适用于意大利）？这是为了提高发现重复错误的可能性。还有人会问，为什么校验码是从02到98，不是从01到97呢？我也这样问过我自己，但是没有找到答案。

大家可以看到，校验码在很多领域被广泛应用，但它们都有一个特殊之处：在所有情况下，如果它们发现了一个错误，那么必须由人工进行纠正，而不像校正码那样校正。做出这一选择的原因很明显：我们宁愿添加尽可能少的字符，相信出现错误的概率较低，而且还需要做更多的工作。即使在数学上，也没有免费的午餐。

谣言是阵微风

我觉得不只我一个人这样想：在世界上的某个角落，是不是有哪个疯狂的科学家像科幻电影那样，在一个地下室或者实验室悄悄地进行试验，然后第二天引发爆炸性的新闻。不然的话，怎么解释这个世界突然之间就开始说起了新的蠢话，明明这个问题原来是被忽视的，结果到了今天突然被人津津乐道了起来。从数学的角度，我认为不存在所谓的神奇的配方，像生物学家理查德·道金斯[1]为了证明思想的统一，在他的生态系统中所散播的“人类的思想”那样，他把这个称为meme（基因一词的变形）。不过，如果我找到了这样的配方，我会尽量把它隐藏起来，然后靠它来

[1] Richard Dawkins：英国著名演化生物学家、动物行为学家和科普作家。

赚钱。这里我们就别管meme是怎么来的了，我们来讲讲为什么它能在短时间内广泛传播——至少在这里，数学可以起到一点作用。

我们从定义一个非常简单的传播模型开始：当一个人了解了一件事情并将其告诉其他N个人时，会发生什么？如果N等于0，传播就会立即结束，这不言而喻。如果N等于1，你就像有了一部手机：它迟早会传播给所有人。如果N等于2，事情就会像国际象棋发明者的故事一样。传说中，他向印度王子索取的奖励是以下方式得到的所有稻谷数量：在第1个箱子里放入1粒稻谷，第2个箱子里2粒，第3个箱子里4粒，以此类推，每个箱子里的稻谷数是前一个的两倍，一直到第64个箱子。所有箱子里的稻谷数量加起来比全世界每年生产的稻谷数量还要多。从更广泛的角度来看，我们假设N不是整数。这并不是故弄玄虚吊大家胃口，而是可以把N作为平均扩散系数对嘴巴比较牢的人和大嘴巴的人进行一个平均统计。当N小于1时，不难看出，如果一开始这个消息传达给了P个人，那么最后知道这个消息的人数等于$P/(1-N)$；但是如果N大于或等于1的话，那么最后知道消息的人就数不清了。我们以“阿基里斯和乌龟”悖论作为一个例子，用一种有趣的方法来看看消息是怎样进行传播的吧。让我们想象一下，在最开始的时候，他们会拍下那一瞬间的照片，每次阿基里斯到达乌龟此前所在的位置时再拍一张。如果阿基里斯在一张照片和另一张照片之间走的路少了，那么我们就有了$N<1$的情况，阿基里斯就能成功追上乌龟。但是，如果乌龟的甲壳下藏了一个涡轮发动机，而阿基里斯被迫走了很长一段距离（$N>1$），那么他就只能和胜利说再见了。如果$N=1$，那么实际上这两位就相当于坐在旋转木马上了。

这个模型很简单，但是非常不现实。第一个问题源于这样一个事实：世界人口不是无限的，所以这个消息早晚会被所有人知道，尽管根据这个公式，知道消息的人数肯定会持续增加。小时候，我曾经陷入一个叫“连环信”的游戏中：你必须给名单中的人寄一张明信片并将自己名字添加到名单中把此名单发给你的五位朋友；除了明信片以外，还要写一份保证书（这就是数学啊！）。不久之后你就会收到来自世界各地的成千上万张明信片。可我从来没有收到过一张明信片，我用我的亲身经历证明了在各种各样的基于金字塔骗局的骗局之前，指数增长是一个神话，而这些骗局在最近几十年里开始甚嚣尘上了。我当然不是第一个注意到这一点的人，托马斯·马尔萨斯[1]1798年在他的《人口学原理》一书中已经写过了，随着人口的增长，可用的资源会越来越少，因此人口不能持续性地呈指数型增长。

在马尔萨斯的研究发表40年后，皮埃尔·弗朗索瓦·韦吕勒[2]找到了一个数学解决方案，通过修改马尔萨斯指数模型，增加了一个减少逐步增长的术语，使得最终的数据逐步趋近最大的理论值。最后的结果是一个叫作“逻辑”（logistica）的曲线。弗朗索瓦的方程被遗忘了接近一个世纪，在20世纪几乎同时被阿尔弗雷德·洛特卡[3]和维多·沃尔泰拉[4]重新提出，后者将其用于封闭系统中的“捕食与被捕食”模型（其中有两个变量）。

逻辑曲线是微分方程的解。也就是说，变量是时间的函数，它的值取决于它随时间变化的情况（如数学家所说的，它的导数）。更具体地说，通常用于模拟消息

[1] Thomas Malthus：英国人口学家和政治经济学家。
[2] Pierre François Verhulst：比利时数学家。
[3] Alfred Lotka：波兰统计学家、数学家与物理化学家。
[4] Vito Volterra：意大利数学家与物理学家，因生物数学研究而著名。

传播的功能被称为S形曲线，如图8所示。它的公式是$P(t)=1/(1+e^{-t})$。从图中我们可以看到，当t的数值较小时，呈现的几乎是指数型增长，很难和马尔萨斯增长进行区分。然而，随着t的增大，就会出现一个临界点改变整条曲线的增长趋势（此时t值为0；在实际情况中，我们会把最左端设为0点，以避免出现负值）。之后，增长趋势就开始减少，一直到e^{-t}变成0，然后达到整个曲线的最大值，即所有人口。

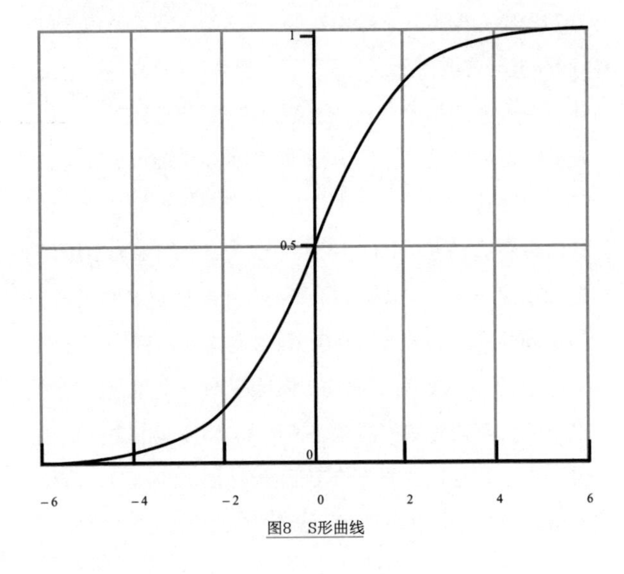

图8　S形曲线

不过，消息的传播速度减缓还有另外一个更小的原因。如果他们告诉了我一个我已经知道的故事，传播到我这里就停止了。如何将这些因素添加到模型中？这个问题非常重要，因为它也适用于流行病。第一个定义这种可能的方程组的是威廉·奥格威·克马克（W. O. Kermick）和安德森·格雷·麦肯德里克（A. G. McKendrick）在1927年创造的所谓的“SIR模型”。这个模型的名字来源于三个州，这三个州的人群被划分为易感人群（尚未感染疾病）、感染人群和痊愈人群（已经被治愈或者死亡的人群，不会再次感染疾病）。描述这个模型的微分方程很复杂，这里不对其进行描述，我们只要知道它们已经被应用于任何一种流行病就可以了，包括僵尸入侵。不过，我得解释一下他们是如何估计永远不会被感染的人口的百分比的。如果扩散因子是1.5，那么有50%的人将永远不会接触到这种疾病；但是如果扩散因子上升到3，那么这个比例就会下降到5%。为了让大家对疾病的扩散因子有一个概念，我可以告诉大家艾滋病的扩散因子是3（但幸运的是，只是接近一个艾滋病人并不会受到感染），流感是4，麻疹甚至达到17。

回到消息的传播上，SIR模型可以用于预测流行病的爆发。或者说，如果你很关注热点的话，那么得小心了，当今世界很多爆炸性新闻，都是由那些粉丝很多并且很懂得传染——啊，是传播才对——的网站炮制出来的。总之，没什么好奇怪的！

蝴蝶效应

科学界最有名的术语来自气象学。气象学研究中对初始条件非常敏感。蝴蝶效应说的是，在巴西有很多美丽的蝴蝶，其中一只蝴蝶扇动一下翅膀可能会在得克萨斯州引发龙卷风。这幅画面很美丽，也很有诗意，但我必须泼一盆冷水：这根本不是真的，尽管这个术语是1972年发表的一篇很重要的文章的标题，并且像上面消息的传播一样，已经被修改过几十次了。当然，天气很难被准确预测，可怜的蝴蝶并没有做错什么。

让我们倒退一个世纪吧。第一次尝试通过数学模型来进行预测发生在1922年，那是在英国数学家刘易斯·弗莱·理查森[1]出版的《用数值过程预测天气》（*Weather Prediction by Numerical Process*）一书中。把理查森定义为数学家太片面了，他的兴趣非常广泛，从化学到植物学、动物学，当然气象学是他最喜欢的领域。理查森是一个虔诚的教友派教徒，因此他非常反对战争和暴力，在第一次世界大战期间他出于良心拒服兵役（但他还是作为护理部队的辅助人员参加了第一次世界大战），但他加入空军队伍之后，就从英国气象部门辞职了。出于同样的原因，他从来没有得到一个学术学位。

在第一次世界大战期间，理查森有将近10年的时间都在研究如何用有限差分方程来模拟控制气象条件的微分方程。在实践中，我们没有找到一个明确的函数来求解方程，而是选择了地表的一些点，我们在t_0时刻测量它们的初始值，然后用近似数值来推导出t_1的值，再逐步计算出在接下来的每个时刻对应的值。这个想法本身并不是那么奇怪。天气随时间和地理位置而变化，但不需要每平方公里就有5分钟的数据：你可以以更低的

[1] Lewis Fry Richardson：英国数学家和气象学家。

精确度来满足。

在定义了大气和风压值的方程式之后，理查森模拟了1910年5月20日的天气条件，并根据当天在中欧的测量结果，选择了日期。经过6周的手工计算——大约是1～2年中的6个星期——结果显示，在6小时之后，某个地区的大气压会降至……145毫巴（1毫巴＝100帕），这是一个荒谬的结果。理查森非常诚实，他仍然公布了他的发现，他说要找到一个有效的解决方案，就必须设计出新的技术来绕过数据，以避免在现实中出现突然的波动。事实上，几年后，数学物理学家们成功地找到了这些方法，他们用的是相同的数据，而压降是以毫巴计算的。因此，理查森方法的理论有效性得到了承认。

让我们跳到20世纪50年代。当时，人们讲起计算机，只会想到它是一个可怜的处理数据的家伙。第一代电子计算机现在还能用：这些庞然大物，重达数十吨，占据了整个房间。美国使用了理查森公式的更新版本，并在美国大陆领土上进行了气象模拟。得到的结果是令人满意的，不过不能用来进行一些很精细的模拟，比如模拟24小时内天气的演变过程。这比特里斯特拉姆·项狄（Tristram Shandy）在他自传中做的事成功多了，但还没有一个实际的结果。（值得一提的是在2008年，这个程序被重新进行了编写，并更名为PHONIAC在诺基亚6300上运行，一秒钟就能给出结果。计算机已经有了很大的发展。）这并没有打倒约翰·冯·诺伊曼[1]，他对所有的美国研究项目都保持着高度的热情和敏感，尤其是计算机领域的项目，他预测将来有可能用数学模型获得14天内非常准确的预报，并且通过增加数据的统计和历史分析，在30～180天内实现足够的准确性（这个预测是错的，对他而言非常奇怪）。10年过去了，我们的主角——爱德华·洛伦茨[2]——来了。（注意别把他和那个研究鸟类的康拉德·洛伦兹[3]弄混了，那些鸟类还以为康拉德是它们的父亲呢。）爱德华·洛伦茨是一位美国数学家，他利用数学模型来预测天气。那时，计算机的尺寸稍微小一些，性能也有所提高，但计算时间总是太长。1961年，洛伦茨想要对他所做的事情做一个长期的预测，以节省时间。他没有从最初的数据开始处

❶ John von Neumann：美国籍犹太裔数学家，现代计算机和博弈论的重要创始人。

❷ Edward Lorenz：美国数学与气象学家。

❸ Konrad：奥地利动物学家和鸟类专家。

理，而是选取了中间一部分数据开始小心地复制以进行模拟。在喝了一杯咖啡之后——我之前说过啦，此时的计算机性能已经改良了——他检查了结果，发现它们与之前的结果不符。在检查了他在复制数据的过程中没有犯错误之后，他便开始想可能是哪个环节出了问题。最后他发现计算机在内部使用6位小数计算结果，但是他输入的数据只有3位小数，所以类似0.506 127这样的数就变成了0.506。这两个数的差别很小，当时人们认为这也许只会导致小的偏差，但结果显然不是这样。

洛伦茨于1963年发表了一篇文章《决定性的非周期流》，其中有这样一段话：初始只有很细微差别的两种状态最终会演变成两种完全不同的状态。因此，如果你在观察当前状态时犯了任何错误——在任何一个真实的系统中，这样的错误似乎是不可避免的——那么在遥远的未来，几乎不可能产生即时状态的可接受的预测结果。鉴于天气预测中不可避免的不准确性和不完整性，期限较长的准确预报是不存在的。

然后，他描述了“海鸥效应”，并用有诗意的蝴蝶形象取代了海鸥，最后在1972年做了一个题为《可预测性：一只蝴蝶在巴西扇动翅膀会在得克萨斯引起龙卷风吗？》的演讲。在演讲中，洛伦茨解释说，他起这个标题只是出于玩笑，想利用这个标题说明准确地进行预报是不可能的。很遗憾，并没有人把这句话当回事。

那今天呢？我们使用的计算机更为强大，速度更快，数据通常在许多国家之间共享。例如，所有欧洲天气预报都来自英国雷丁的欧洲长期预测中心的数据。该中心的人说，现在的7天预报和1975年的3天预报一样准确，那一年中心刚刚成立。不过我是不懂这个准确性到底有什么含义。在实践中，预测是合理的，但我们不能百分百地预测灾难性事件。在天气预报方面，尤其是要在一个像意大利这样山脉众多、地形复杂的国家，可不像在荷兰那么容易。气象学家读取和应用收到的数据的能力仍然非常重要。又或者如果你喜欢张冠李戴的话，那么你可以为这个错误引发的6个月之后的大变动取个名字（我也不知道会是什么变动，但这是不可避免的）。

艰难的抉择

在第二次世界大战期间，美国的军事武器似乎是用之不竭的。武器数量的不断增加，无疑是盟军获得胜利的因素之一，而轴心国在供应方面日益艰难也是其中的一个原因。但是，仅仅提供武器装备是不够的：一架飞机在执行任务时坠毁，也就意味着失去一名飞行员；训练一名飞行员要比造一架飞机复杂得多，而且很明显，没有生产线可以生产飞行员。从理论上来说，保护飞行员的方案相当简单：可以给飞机加装甲，以更好地抵挡敌军的子弹。但正如现实生活中经常发生的那样，这么做往往需要权衡利弊：飞机过重就会失去一定的自主权和机动性，因此有必要尽可能少地加装甲。军方随后向一个负责秘书项目的政府工作小组寻求建议，该组织名为统计研究小组（Statistical Research Group，SRG）。一方面，统计数据有半个多世纪的历史，但没有科学的后续研究；另一方面，SRG也有一些市场上可用的最好的统计数据。当然，人们不可能在没有任何信息的情况下提出一种策略：海军分析中心（飞机从航空母舰上起飞，从技术上讲，它们是在海军的命令下执行的任务）提供了完成任务顺利返航的飞机中，平均每架飞机机身的弹孔数据。按照机身位置划分，结果如下表所示。

部位	孔的面积/㎡
发动机	11.9
机身	18.6
油箱	16.7
其他部位	19.4

对军方来说，数据似乎很清楚：需要重点保护的部分就是那些被攻击得最严重的部分。但是对于SRG来说，有些人却有另外的想法。亚伯拉罕·沃尔德[1]就是那种人们万万没想到会在那个委员会工作的人，他甚至是委员会的非正式领导人。他1902年出生在奥匈帝国一个地区的犹太家庭里，这个地区在第一次世界大战之后成了罗马尼亚的领土。在同事奥斯卡·摩根斯特恩（Oskar Morgenstern）的帮助下，沃尔德离开了

[1] Abraham Wald：著名数学家。

奥地利，前往美国避难。然而，与约翰·冯·诺伊曼、阿尔伯特·爱因斯坦和恩里科·费米等其他科学家不同的是，沃尔德并不是一个被“国有化”的美国公民，所以理论上他没有阅读自己制作的报告的权限。这在工作组里有个笑话：必须安排一个秘书在他身边，他一边写字，秘书一边撕纸。不过，沃尔德表面上看起来格格不入的真正原因是他是一个理论数学家，他在维也纳的研究领域是集和度量空间的理论。他一到美国就开始研究应用数学问题了。他并没有在大学里找到一席之地，也不得不糊口。起初他以为坚持纯粹的数学会让他艰难度日，但他的能力很快就让他鹤立鸡群了。

通过检查数据，沃尔德得出了一个结论，正是这个结论使得夏洛克·福尔摩斯在《银斑驹》一案中顺利解决问题。福尔摩斯让苏格兰场的侦查员格雷戈里（Gregory）注意到了马被绑架的那天晚上狗的反常反应。“但是，狗没有叫！”格雷戈里说。“这正是问题的关键所在。”福尔摩斯回答道。军方没有考虑到的关键问题是，只有成功返航的飞机才会被检查，而对于坠毁了的飞机却没人知道任何信息。事实上，我们可以做一些推测：如果我们假设飞机表面上的弹痕是均匀分布的（我记得所统计的数据是以面积计算的），而成功返航的飞机发动机上的弹孔最少，那么很有可能就是因为这个部位受到攻击而导致了飞机的坠毁。

为了得到进一步的证实，我们可以进行极端推理。让我们想象一下，任何对发动机的打击都会导致飞机坠毁。这样的结果就是，任何返回基地的飞机都不会在发动机上有洞。沃尔德解释说，我们要做的就是在飞机弹孔最少的部位加强防护。（当然啦，最后的技术报告肯定不像我说的这么简单粗暴。最后的报告有89页。应该把打字员累出了一身汗。）总之，沃尔德是个数学家，不是个推销员。军方最终接受了他的建议，这个纯粹的理论分析也为盟军的最终胜利做出了巨大的贡献。

在沃尔德的一生中，最令人悲伤的是他和妻子在1950年的离世。当时他们在印度参加一系列的会议，他们所乘的飞机坠毁于尼尔吉里丘陵。

乍一看，这一结果听起来不可思议，但细想的话，这只不过是贝叶斯定理的一个实际应用而已。在《咖啡时间聊数学》中，我曾经给出了一个典型的例子，展示了这个定理的矛盾效应。虽然对疾病的检测有很高的准确性，但是几乎可以肯定，那些检测呈阳性的人并没有生病。在这种情况下，可能更难以遵循逻辑推理：先验假设是这种疾病是非常罕见的，因此，即使是一个很小的百分比误差，如果乘以大量健康的人，也会导致一定数量的误报。然而，这里应该更清楚一点：我们一开始假设的是飞机上所有地方被击中的概率是一样的，但我们没有考虑那些没有返航的飞机的情况。我们从一个群体中去掉的元素越多，其他群体中需要注意的元素就越多，有点像筛沙子，剩下的往往是最大的那颗。我们得知道：贝叶斯定理是跟直觉相悖的，但它是可行的。

居住隔离和性别歧视

几十年前，提到像唐人街和小意大利这样的地方，关于民族街区的想法往往能带给我们美好和可爱的画面。然而，现如今，我们想到的却是退化和不舒服的情景：在意大利，我们看到的是20世纪60年代的宿舍区和随后的移民潮；在法国的城市郊区和美国的城市郊区肯定没有什么不同。即使是新建的外围居住区，也经常发生这样一种情况：那些有着自己明确面貌的街区完全变了，几年之后，它们会呈现出一个截然不同的模样，人们再也认不出它们原来的样子。

同样的情况也发生在相反的情形中，“中产阶级化”这个词被创造出来，指的是一种现象，即原先纯粹由工人和平民居住的地区被重新规划给更富有的阶层居住，原来的居民被慢慢清理掉，搬离这个地区。无论贫富之间是否存在冲突，或者问题是否与人们的不同出身有关，最终的结果总是一样的：人们会被细分为封闭的、清晰的群体。在英语中，隔离指的是“细分”“分离”，但在这里我选择使用“隔离”这个词来强调这些街区的封闭性和绝缘性。

我们可以扪心自问，我们是不是真的狭隘到了要拒绝和那些跟我们不一样的人做邻居？这似乎不可思议，但不一定非要这样。第一个处理这个问题的是美国经济学家托马斯·谢林（Thomas Schelling），他是一个非常有趣的人。除了获得2005年诺贝尔经济学奖之外，他的一篇文章激发了斯坦利·库布里克[1]拍摄《奇爱博士》的灵感。他在全球变暖问题上的立场也是引人注目

[1] Stanley Kubrick：美国著名电影导演。

的：尽管承认这个问题的存在，但他对提出的应对气候变化的措施十分不满。他说，为什么美国要比最不发达的国家获得更低的收益，却承担大部分成本？

在1969年和1971年，谢林写了两篇长文，之后又将文章中的理论扩写为一本书《微观动机与宏观行为》。在这本书中，他探讨了城市中白人和黑人的种族隔离问题。为了在视觉上展示他的成果，他喜欢用一个装满不同硬币的棋盘，代表两个组的不同成员，规则很简单：一个人有太多跟他不同的邻居或者跟他相似的邻居太少时，他就必须移动。

我使用达特茅斯学院网站上的计算机模拟程序创建了图9，并确定了以下规则：20%的方块是空的，而其他的方块则在两种不同颜色之间进行平均分配；随机选择一个方块，如果其周围8个方块颜色相同时，要将其移开，周围有至少2种颜色且颜色相同的方块最多5个。在这种情况下，“人”可以接受拥有与他不同颜色的大多数邻居，并且只要求有类似自己的“人”。我们也不考虑那些邻里关系很糟糕的情况，这些移动都是随机的。然而，经过一系列算法的迭代之后，还是出现了明显的隔离！

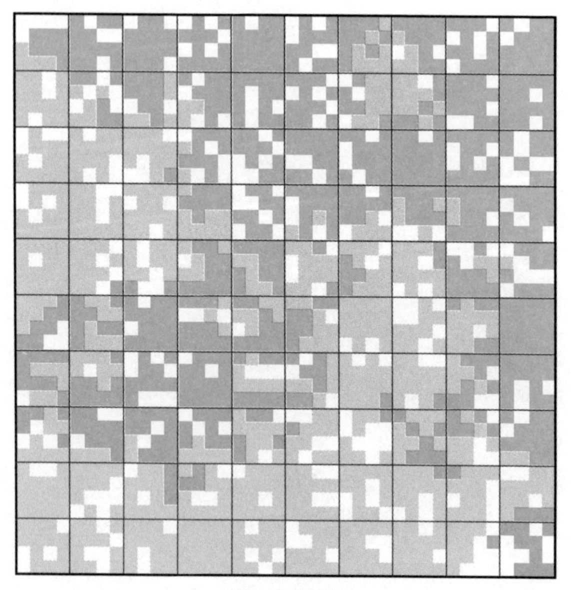

图9 自然隔离

出现这个结果的原因在于随机过程本身，根据规则，迟早会产生相同颜色的小方块，其中大部分是空的。这些方块不能被相反的颜色填充，但可以逐渐在边缘上添加新的方块，从而扩大它们的面积。确实，这样可能会失去边界，但是在统计学上，这种情况很少发生。

用其他规则进行的模拟也会产生类似的结果。例如，我们可以决定只在“不幸福”时移动一个方块，也就是说，如果相同颜色的邻居的数量低于某个阈值，那么这一次不检查到达点的情况。如果幸福的阈值很低，25%的相似邻居都可以选择不动，那么模拟就会瞬间稳定下来，结果仍然是随机的，至少乍一看是这样的。要达到50%的阈值，模拟需要花更多的时间来完成，并创造出各种颜色的方块，有点像某些动物的皮毛。在75%的阈值时，隔离就已经完成了，这里有两个部分，它们是相互对立的状态。要是继续增加呢？那么就会产生一种特殊的情况：这个模拟无法稳定下来，颜色继续混合。简而言之，我们需要强制整合。这算是一个比较贴切的示例了吧。

如果我们把不同的住宅分区换成不同人群的话，那么我们能发现类似的结果。乍看上去令人难以置信，但遗憾的是这是真的，英国计算机科学家凯伦·皮特里（Karen Petrie）证明了她的同事伊恩·金特（Ian Gent）所说的“皮特里乘数”（Moltiplicatore di Petrie）的存在。让我们想象一下，在某些环境下，两性的数量是非常不平衡的，比如计算机科学领域。假设我们有一个由40名男性和10名女性组成的小组。此外，假设有五分之一的男性和五分之一的女性喜欢对异性发表负面评论。男性和女性的性别歧视比例是相同的，但是如果评论的数量足够大且允许统计数据的话，我们就会发现，平均来说，女性将成为这些评论的主题，是男性的16倍！

我们来做一个简单的推理帮助大家理解为什么这个比例如此之高。首先，男性是女性的4倍，因此发表评论的次数是女性的4倍；同样，相比女性，他们也只有四分之一的可能目标来发表评论，然后再乘以4倍。在公式中，如果男性和女性的比率是r的话，那么发出的负面评论的比率应该是r^2。事实上，我们可以想象在男性比女性少得多的群体中，有性别歧视的人，男性和女性有相同数量而不是相同的比例，那么最终的结果仍然对女性不利。不用说，这种现象也发生在男性占少数的阵营中：在这种情况下，被欺负的人就换成男性了。

为了使模拟更加真实，有人修改了模拟过程中一些参数。大卫·查特（David Chart）试图在保持男女结构不变的情况下改变人们之间性别歧视的概率。他首先想到的是这不是一个单一的环境，而是由2～8人组成的一个互动团体，并且人们只有在他们的性别不属于少数群体的时候才会进行评价。模拟出来的结果和前面的简单模型相比是近似的。

总之，我们得记住的是：一方面，大多数人肩负的责任要比他们和少数人的简单数字关系所反映的责任还要多很多；另一方面，即使有性别歧视的人只有少数也可以毁掉多数人的声誉，这些人除了跟他们性别相同外没有任何过错。在构建和谐关系的道路上，我们还有很长的路要走，我们没办法像彼得罗利尼（Petrolini）那样做出回应，他在一次演出上被喝倒彩之后回答称："我不是跟你站在一起的，而是跟在你身边却没有把你丢下去的人站在一起的！"看看从一个简单的数学模型中可以得出多少东西！

疫苗和群体免疫

在过去，有很多的儿童死于传染病；而现在我们认为这些疾病已经被根治，或者至少是可以通过接种疫苗来控制。然而，正如你所知道的，对疫苗产生抗体的疾病又卷土重来了——不仅仅是在意大利，在过去的几年里，美国的麻疹病例数量激增，而且像这样的新闻可能会变得更加普遍。我不知道是否可以和这些人进行理性的对话，他们还在继续参考研究安德鲁·韦克菲尔德（Andrew Wakefield）1998年发表在《柳叶刀》上的把疫苗和自闭症联系在一起的文章。尽管这篇文章后来被撤回，并且作者也因为撰写虚假文章而被从医生的名单中除名，但是我想解释一下，为什么当很多人没有接种疫苗时，最后受罪的是那些已经接种过疫苗的人，以及还有那些无法接种疫苗的人，比如新生儿和具有免疫抑制的人群。

理解这些的出发点是：医学不是一门精确的科学。这并不是医生的错：每个人都是不同的个体，适用于99%的人的治疗方法未必适用于某一个人。从这个角度来看，处理数学问题无疑比解决医学问题要简单得多！我们从疫苗的角度来理解这个概念。接种疫苗是一种诱导我们的身体产生对抗疾病的抗体的方法，可以让我们在病毒和细菌入侵时就已经做好准备。疫苗可以根据不同疾病类型来选择杀死、减缓或灭活病毒。然而，结果总是有一定的不确定性，原因我前面已经说了。在最坏的情况下，幸运的话，接种疫苗的人会生病；不幸的话，就会死亡。还有可能是剂量不够，无法激活身体的免疫系统，这样的话接种疫苗就失败了（这取决于疾病类型，有的失效率会达到疫苗接种人群的10%）。在这一点上，应对流感的工作方式不同，因为有许多不同的病毒可以引起流感，一年一度的接种其实就像是在下赌注，只是针对传播最广的病毒进行接种而已。如果接种了一种流感疫苗，但是暴发的是另外一种流感，那么还是容易被感染。

如果几乎所有的人都接种了疫苗，少数没有接种的人仍然会得到一些保护：疾病是在人与人之间传播的，如果这种病缺乏“候选人”，那么疫情就会立即结束，就像我前面谈到消息的传播时说的那样。这是群体的免疫力，根据疾病的传染性，必须接种疫苗的人的比例或多或少都很高。比较麻烦的是，感染风险的增加根本不是线性的！打个比方，我们将传染病比作电子电路，接种疫苗看作不同阻值的电阻器。记住，接种疫苗并不意味着可以100%不染病。逐步挪开一个个电阻，电流开始流动，从A点到B点的通过方式呈现指数级增长：想想有多少种方法可以从棋盘的一个极端移到另一个极端

（每次只能在水平或竖直方向移动一格）。因此，接种疫苗和未接种疫苗的人群感染的比例远远比我们简单计算未接种人群的比例要大。我们可以用另一个类比，想象疫苗是一堵很高的墙，病毒就像向上抛的球，我要把球抛过这堵墙。如果球的数量很少，可能没有一个球能过去；但是，随着球的数量呈指数增长，能越过墙的球的数量也越来越多：超过一定的阈值，群体免疫将不再起作用，患病的可能性会急剧增加。从图10中我们可以看出这种对比。

对于某些疾病，如百日咳，情况甚至更糟：事实上，根据食品药物管理局的信息，即使是接种疫苗的人也可能成为病毒的健康携带者，然后传播疾病，而自己却不生病。水痘也会发生同样的情况，它的潜伏期很长，而且没有症状，因此不可能隔离病人以避免传染。换句话说，如果不接种疫苗的人很少的话，对于接种的人来说是有利的，因为没有任何副作用，也不会造成损失。当不接种疫苗的人很多的时候，对于接种和不接种疫苗的人来说都是不利的。别忘了麻疹现在还是世界上第七大儿童致死病因，比艾滋病的排名还靠前。现在你还觉得不接种疫苗是很明智的选择吗？

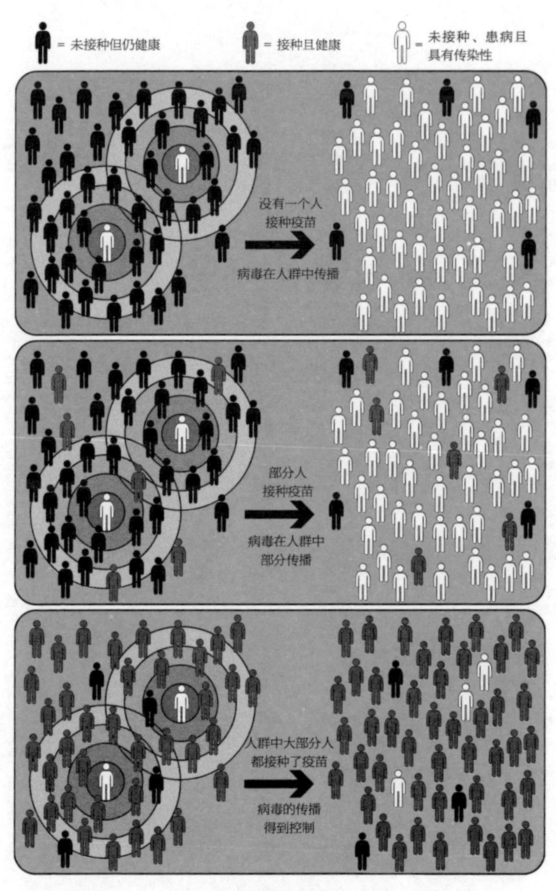
= 未接种但仍健康
= 接种且健康
= 未接种、患病且具有传染性
没有一个人接种疫苗
病毒在人群中传播
部分人接种疫苗
病毒在人群中部分传播
人群中大部分人都接种了疫苗
病毒的传播得到控制

图10　群体免疫力

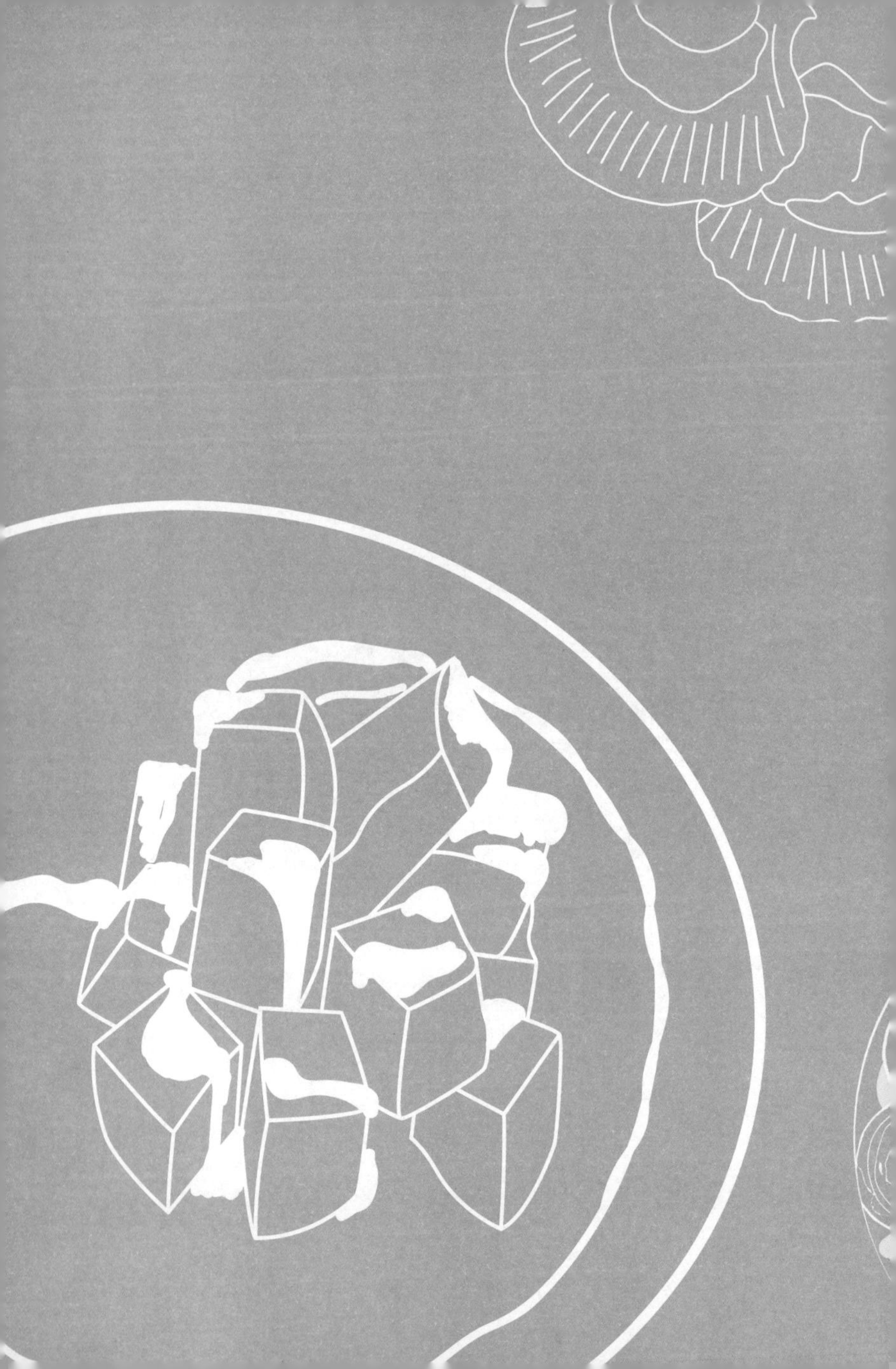

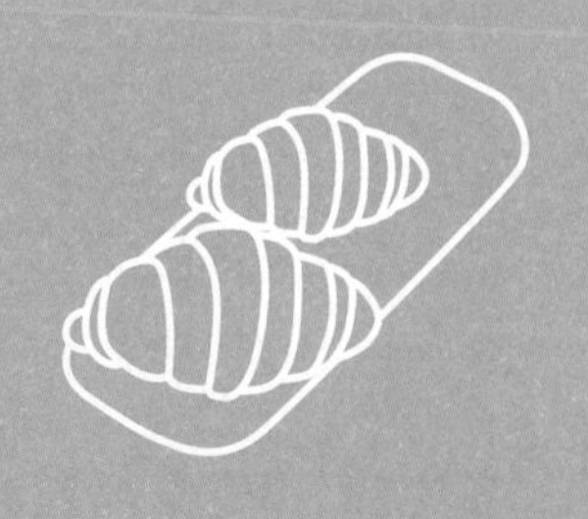

主菜

基础数学

鸡兔同笼
世界各地的乘法
调和级数
皮克定理
斐波那契数列和黄金分割
心算
不要蒙答案
数学魔术

鸡兔同笼

在我读初中时，意大利文集里有一首诗非常有实验性，那首诗讲述的是“鸡兔同笼”。这个词我到现在还有印象，不过我已经忘了作者是谁了。多亏了如今的网络资源，几年前，我找到了这首诗，名叫《被排除的商品》(La merce esclusa)，是诗人埃利奥·帕戈里亚拉尼[1]写的《商品的双联画》(Dittico della merce)的第一部分。这首诗于1965年发表在*Il Menabò* 杂志的第63组中。我不想对这首诗进行文学分析，我只会谈论数学。在这首诗里提到了一个算术问题，这个算术问题后来被引入了小学的数学教材，这可能就是大家不喜欢它的原因吧，不过也不至于上升到讨厌的地步，这是很多儿童和大人尝试数学的开端。诗是这样写的："一个男孩在院子里看到兔子和鸡。有18个头和56只脚。院子里有多少只鸡和兔子？"

乍看之下，诗歌的解决方法似乎有些荒谬，但它完

[1] Elio Pagliarani：意大利诗人和戏剧批评家。

全是明智的，甚至比学校里教授的课程更简单，因为在学校里，按照规则，往往会把这些数据“揉碎”进行加工处理，结果往往更糟。就像教学手册的开场白一样，诗歌里的主人说：“不如考虑一下有6只脚和2个头的动物：鸡兔兽。”（这无疑是基因工程的产物。）那么18个头对应的就是9只鸡兔兽，这样的话就有54只脚，那么还剩下2只脚，该怎么办呢？这个小男孩眼睛都没有眨一下，又创造了另外一种虚拟的动物——残疾兔，一只没有头、只有2只脚的兔子。于是，最后，“在院子里有9只鸡兔兽和1只残疾兔”。

让我们记住想象出来的动物是怎样的，又或者像帕戈里亚拉尼所写的：“兔子的归兔子，鸡的归鸡。”“我们有9只兔子和9只鸡，而多1只兔子则少1只鸡，那就是10只兔子和8只鸡。”这个问题就解决了。

可惜这个可怜的小男孩最后的结局不太好，按照诗歌里讲的，“他大学从哲学系毕业，然后就被赶出来了/不是因为他违规，只是他们都说受够了/家里人，朋友们还有教科书上的案例”。不过，他的推理并没有什么错。如果大家想从严格的数学角度来看待这个问题，这只不过是一个改变变量的问题：只是把原来的p和c（鸡和兔子）两个变量替换成了x和y（鸡兔兽和残疾兔）。用公式来表示的话就是$2x=p+c$和$2y=p-c$。但如果我们用公式来写的话，那就上当了！我们要从其他角度来看待这个问题，仔细想一想，这是一个非常棒的主意。我们脱离一下现实——当然啦，鸡兔兽是不存在的，但你又看过多少只真的兔子呢？我们可以把这个当成在一个超现实场景中的一个无聊的习题。但最重要的是，在转换之后，计算答案会简单得多。在这一点上，如果我们愿意，我们也可以在大脑里进行计算。是的，这不是最简单的系统：你可以想象，院子里只有鸡，计算一下在地上有多少只爪子，并把这些爪子成对地分配到鸡身上，这只鸡将被基因改造成一只兔子。重要的是，这些奇怪的选择会迫使我们把注意力集中在问题上，而不是数字上：这种注意力将帮助我们减少错误。

掌控数学意味着掌握自由。这并不是说可以随意做事，而是知道如何利用合法的捷径找到最简单的方法来解决问题。欧几里得完全可以告诉托洛梅奥（Tolomeo）导演，学习几何是没有捷径的。但这并不意味着在学习之后，你不能选择一条更简单的道路。学习数学的困难，最主要在于光学习是远远不够的。在地理测试中，知道意大利省份及其省会城市的名字就足够了；但是在数学测试中，知道定理的陈述还远远不够。我想知道，如果老师提出这个问题，并要求学生们用鸡兔兽的方法来计算的话，他们会有什么反应；我猜他们中的大多数人都会很吃惊。这真的很可惜，虽然这样的非正统的方法可能不会增加数学家的数量，但可能会减少害怕数学的人数。

世界各地的乘法

我们必须承认：用列竖式的方法求两个多位数的和并不难。当然，人们可能总是出错，但这个原理还是相当清楚的：从右到左，一位数一位数进行计算，唯一需要注意的是当两个数字的和大于10的时候需要进一位。总而言之，即使是用罗马数字，我们也可以很快计算出两个数字的和。而计算乘法的时候，事情就有点复杂了，更不用说美国人为了“州共同核心课程标准”弄的那一套滑稽的计算方法：当他们要计算3×5时，需要计算的不是5+5+5，而是3+3+3+3+3。首先，我们需要记住的是九九乘法表，毫无疑问这是个枯燥但有效的操作：把两个3位数的数字进行相乘都需要消耗近半张纸，并且要求把部分数字竖着写本身就需要我们去适应。或者我们可以用手头上的计算器。但是，当计算器还不存在的时候，是如何计算的呢？数个世纪以来，聪明的人类已经找到了简化生活的办法，尤其是乘法。几乎可以肯定的是，也许两数相乘最简单和最古老的方法是“俄罗斯农民法”（尽管这个方法并非在俄罗斯诞生，也不是由农民发明的）：这个方法运用的是最基本的方法和技术，甚至出现在了莱因德数学纸草书中——公元前1650年的东西！这种方法的美妙之处就在于——不管是什么数字，进行乘法或除法运算时，都除以或乘以2。让我们来看一个实际的例子：89×17。计算过程可以看下面的式子。在第一行是那两个要进行计算的数字，左边那列下一行的数字是上一行的一半（默认为舍去小数点后的数字），直到左边的数字变成1；右边那列下一行的数字则是上一行的两倍。当左列数字为偶数时，划掉一整行的数字，把右列剩余的数字相加。在这个例子中，我们可以得到17+136+272+1 088=1 513。

你们可以算算，这实际上就是89×17的结果。

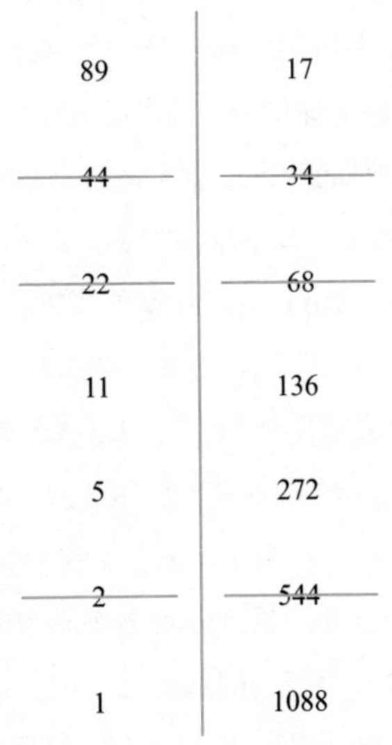

这一系列的操作是怎么得到答案的呢？为什么要删掉左列是偶数那些行呢？这两个问题的答案并不难，诀窍是在2的基础上做乘法。在上面这个例子中，89被表示为1011001。想象一下，在图的右侧添加第三列，从下到上依次插入对应位的二进制代码。我们不仅要准确地填写列，而且每一个0都要对应一个偶数，而每一个

1都要对应一个奇数。当我们在基数2上操作时，乘数加倍意味着将它乘以“10”，因此，我们把所有的2的乘方加起来，在最下面的数字就只有1，然后就能得到我们想要的答案了。并非俄罗斯的农民或埃及的抄写员看到了这个过程：对他们来说，重要的是一切都能行得通。

“俄罗斯乘法”并不是很知名，这些年来人气也下降了，因为YouTube频道上很多人开始介绍起了“日本乘法”：通过画两个因数对应的跟数字一样多的线并计算交叉点来得出结果。例如，在图11中，可以看到231×123。从左上往右下方向排列的线对应着被乘数的数字，从左下往右上方向排列的线对应着乘数的数字。从右到左统计竖直方向上交叉点的数量（灰色或白色区域内），大于9时往左进一位，最终的结果是28413。一切都很完美，网站上的视频很漂亮，但试一下879×789呢？我觉得，如果日本人真的用这种方法计算两位数的乘法，那么我怀疑他们用的伎俩和日式算盘是一样的，每个档上不是有9～10个算珠，而是梁下4个，梁上1个，梁上的1个相当于5个。在这种情况下，你可能会画出一条更粗的线来表示5个单位，而交叉点的数量仍然很多。

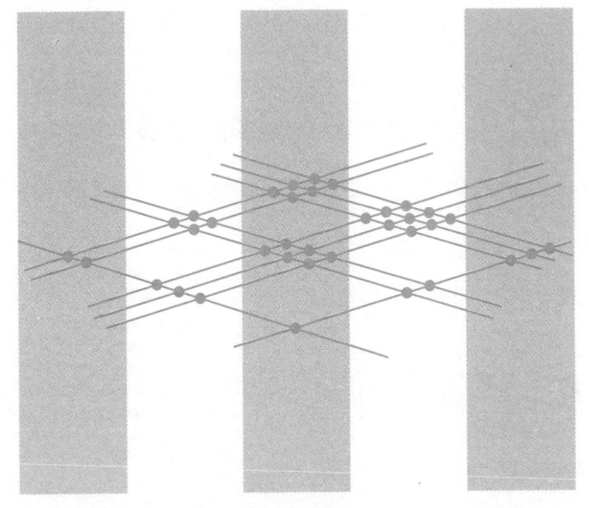

图11 日本乘法

还有一种相同的方法，使用的是数字而不是点，这是“阿拉伯乘法”的基础，也被称为“嫉妒”。它之所以有这个名字，是因为斐波那契在《计算书》一书中把这个方法引入了欧洲。为了计算两个数字相乘，你需要准备一个可以旋转45°的正方形格子，即使这个方法在任何情况下都是有效的。如图12所示，这些正方形被分成了两半，并且被乘数和乘数都写在了网格的顶部。在这种情况下，241×124变成了多个个位数相乘的内积。带着足够的耐心和九九乘法表，通过逐位进行乘法来填充所有的网格：如果结果超过10，则小格的两边都要写上数字，否则只在右半边写。当这个操作完成时，把所有竖直方向的数字进行相加，记得如果和大于9是需要向左边进位的。

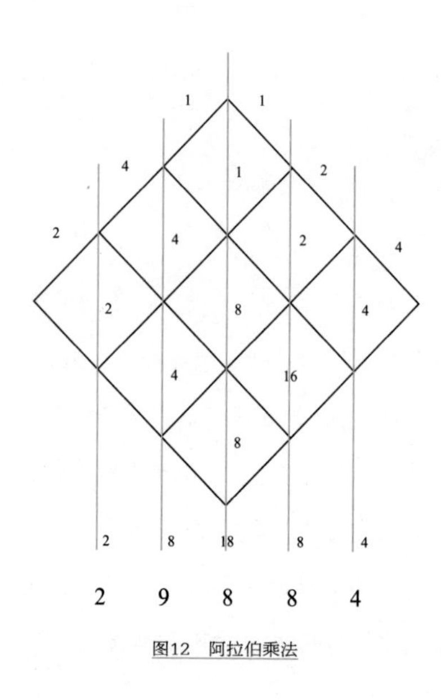

图12 阿拉伯乘法

这里就不花费太多笔墨来讲了，不过阿拉伯乘法跟我们在学校学的并没有太大的区别：除了数字的布局，唯一真正的区别是我们要等到最后才可以进位。大家觉得呢？我们要回去给学生们讲这个吗？

调和级数

下面我会提出两个问题。这两个问题乍看起来似乎没有什么共同点，但是解决它们时使用了相同的概念。并不是说有什么奇怪的地方，我只是想为了说明数学是循环的科学。如果你想让一个数学家开心，那么就演示给他看你可以在其他领域用到数学。在我说出答案之前，你能注意到这两个问题的相似之处吗？

第一个问题是这样的，你有无限多张纸牌，你希望把这些纸牌斜着摞起来而不倒。为了更好地解释，假设我们只有两张牌，我们可以将一张牌放在另一张牌上面，使其重心恰好在下面那张牌的边缘。因此，相对于下面那张牌露出的部分是半张牌。如果我们要在最下面放第三张牌，可以调整这张牌位置，上面两张牌的整体重心落在第三张牌的边缘，这样，相对于第三张牌突出的部分是3/4张牌。照此放下去，突出部分有没有可能无限制地增加？

第二个问题是关于一只蚂蚁的（这还是一个数学问题）。它沿着一根杆从一头爬向另一头。这根杆长1米，蚂蚁每分钟爬1厘米，但在每分钟的最后，这根杆会整体延长1米，会带着蚂蚁一起移动。第一分钟后，蚂蚁距离起点2厘米，但不幸的是，它现在距离杆的另一头变成了198厘米。到了下一分钟，蚂蚁应爬到3厘米处，实际上距离起点4.5厘米，而杆长为3米，以此类推。这只蚂蚁可以爬到杆的另一端吗？

在这两种情况下，答案都是跟直觉相悖的：纸牌突出的部分可以超过限制，而蚂蚁也能走到终点。至少理论上如此。至于纸牌的牌组，我们已经看到，有两张牌的时候，突出的部分是1/2，第3张牌加1/4，第4张牌增加1/6，第5张牌增加1/8，以此类推。在杆的问题中，最简单的计算方法是保持杆的长度不变，并按比例减少蚂蚁走的路径。在第二分钟，蚂蚁将会走1/2厘米，相当于2米的1厘米；下一个是1/3厘米，然后是

1/4厘米、1/5厘米，以此类推。

这两个问题都是基于调和级数的，即1+1/2+1/3+1/4+1/5+1/6+…的无穷和。这个级数的名称来源于音乐中的泛音列。一条振动的弦的泛音的波长依次是基本波长的1/2、1/3、1/4、……调和级数后面的数字越来越小，趋近于零，但是这个公式的值却越来越大，可以无限大。证明这个是很简单的，尼克尔·奥里斯姆[1]在14世纪曾提出其证明过程。我们可以用下面这种方式来对求和的项进行分组：

1+1/2+（1/3+1/4）+（1/5+1/6+1/7+1/8）+（1/9+…+1/16）+…

在每个括号中，我们将所有的数字项替换为该组的最小值。第一个括号里有两个1/4，它们的和是1/2；第二个括号里有4个1/8，它们的和是1/2；第三个括号里有8个1/16，其和也是1/2。无数个1/2相加的话可以得到无穷大。如果你对数学分析有一定了解的话，你也可以对这个级数的部分和进行更精确的估算。如图13所示，函数$1/x$的曲线在矩形$1/n$以下，因此系列的前n项之和大于x轴与$1/x$、$x=1$和$x=n$所围成的区域，

[1] Nicola d' Oresme：中古世纪知名的哲学家。

也就是n的自然对数$\ln(n)$中1和n的积分。更奇妙的是，如果我们删除第一个矩形，并把一个单位的所有其他矩形移到左边，我们会发现总和小于$\ln(n)+1$。欧拉发现，调和级数的n项和n的自然对数之间的差值是一个固定的值，用字母γ表示，称为欧拉–马斯切拉尼常数，大约是0.577 215 664 9。

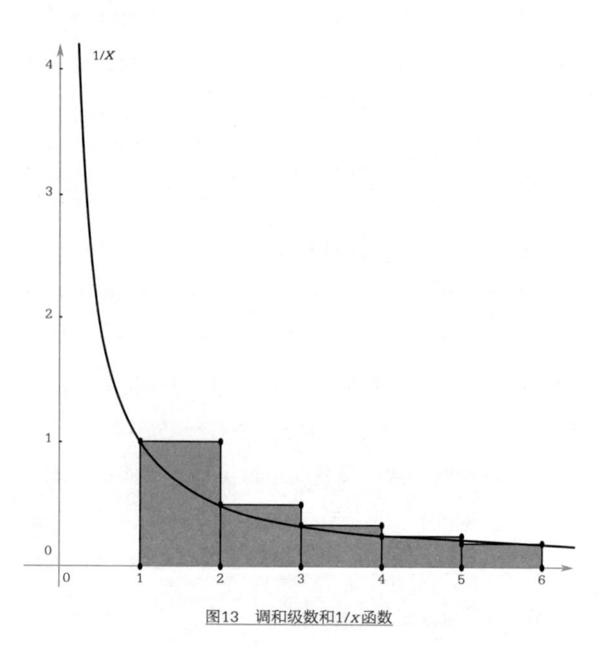

图13　调和级数和$1/x$函数

调和级数趋近于无穷，但很慢。这意味着，在我们自己的问题中，我们不能急于求成。在52张纸牌的情况下，突出的部分要比2张纸牌的情况下多出一些；再加52张牌，那么突出的部分也只是多了1/3而已。蚂蚁走到杆的另一头时，它将花费超过10^{43}分钟的时间。好一只长寿的蚂蚁，宇宙目前的年龄也才不到10^{16}分钟。调和级数非常慢地趋近于无穷是发散的，但只要小小地改动一下参数，我们就能得到一个收敛的和。例如，如果我们取数字$1/n^s$，当$s>1$时，求和得到的结果会得到黎曼[1]函数$\zeta(s)$，这一函数可以说是数学史上的丰碑。另外，调和级数中去掉分母中含有0～9这10个数字中某个数字的项后，如去掉含2的1/2、1/12、1/20、……（这称为肯普纳级数，以第一个提到它的人的名字命名）也是收敛的；如果所有含有数字1的项被省略，则其值大约为16.176 96，如果去掉含0的项，其值大约23.103 44。但是，2008年托马斯·施梅尔策（Thomas Schmelzer）和罗伯特·巴利尔（Robert Baillie）已经证明了那些分母中不包含特定数字（例如31 415 926）的级数，是收敛的，他们甚

[1] Riemann：德国数学家，黎曼几何创始人。

至找到了一个公式来估算这个值。另外，所有质数（虽然是无限多的，但也不是“那么多”）的倒数之和是无限的。这个和的增长很慢，因为它近似于lnln（n），但它仍然是一个趋于无穷的函数。

不过，也许最有趣的应用是在对气候变化的感知上。让我们想象一下记录每年的最高气温，并检查一下这些记录。如果气温变化是随机的，那么第一年只能是一个记录，没有其他数据：第二年将有1/2的概率超过第一年的记录；第三年，比前两年高一些的概率是1/3，以此类推。在一个世纪里，所有这些概率的总和略高于5，所以我们预计会有5～6个记录超过之前所有的记录。在这十年里有这么多的记录，这会让我们意识到，也许这些变化并不是随机的。

皮克定理

自1977年起，意大利教育部门开始推行“技术教育”。那时我们做过的一件事在我的脑海中留下了很深的烙印（还好不是留在我的手上）：我们要把钉子钉在一个胶合板上，形成一个方形的网格，然后拉伸橡皮筋，套在若干钉子上，使橡皮筋形成特定的几何图形。因为我的灵活性较差，所以我不太喜欢这些活动，但我确信，如果当时老师跟我讲了皮克定理的话，那么我对这个活动的兴趣就会大大增加。

让我们一步一步来吧。想象有一个笛卡尔坐标系，其中具有完整坐标点的网格被突出显示出来；或者更简单点，我们取一个四边形。皮克定理的内容是，对于任意形状的简单多边形，其面积S与多边形内的点数和边上点数有关，公式为$S=I+（P/2）-1$。其中，I是多边形内部的点的数量，P是多边形边上的点的数量。图14中的矩形是由5×10个小正方形组成的，内部点有36个，边上的点为30个，所以按这个公式算，其面积为36+30/2−1=50。要求是简单的多边形，则意味着它可能不是凸的，但多边形内部不能有洞，也不能有单个点连接的部分，像图15中的那样。这个定理也可以推广到这些情况，但是其表述更复杂。

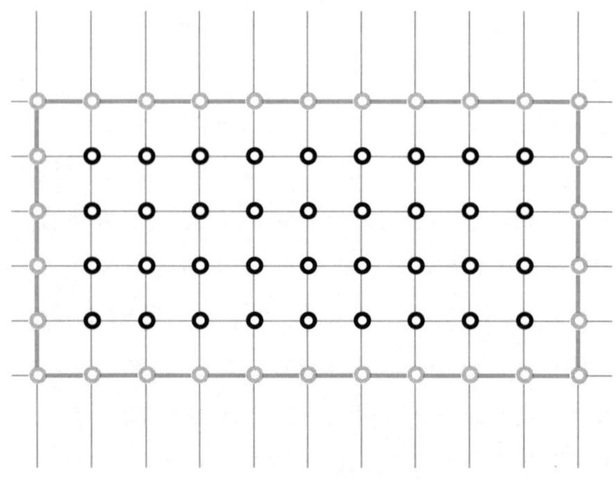

图14　用于矩形的皮克定理

乔治·亚历山大·皮克[1]，这位放荡不羁的数学家1899年在他的《几何理论》（*Geometrisches zur Zahlenlehre*）中证明了这个定理（“数字几何理论”），他是第一个认识到爱因斯坦的天才的人，并帮助其在布拉格大学获得教职。1942年，皮克死于特雷津集中营。20世纪60年代，在雨果·斯坦豪斯[2]介绍了这个定理之后，这个定理声名远扬。我不知道皮克是如何证明这

[1] Georg Alexander Pick：奥地利著名数学家。
[2] Hugo Steinhaus：波兰著名数学家。

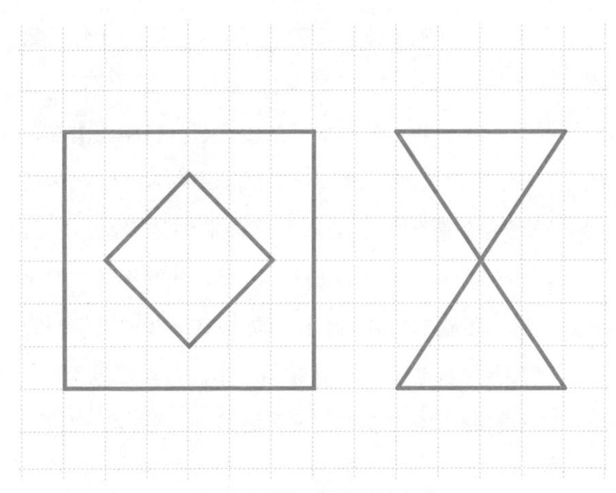

图15　以上情况不适用皮克定理

个定理的，但至少今天我知道如何用另外一种方法一步步证明它。

让我们从一个非常简单的多边形开始，图14中的矩形的边与网格平行。在这种情况下，计算其面积对所有人来说都是很简单的，只要注意不要算错这些点，记住如果相邻两个点距离为1，长度为10的线段将包含11个点！如果矩形的边长分别是a和b，那么它的面积就是ab，边上的点是2（a+b），内部将包含（a−1）×（b−1）个点，即ab−（a+b）+1，因此计算公式对于这个例子是正确的。算是开了个好头了！下一步我们将演示一个辅助定理——就是学校里所说的“引理”，即如果我们有两个多边形共享一条边（至少有两点重合），那么对于它们中的每一个，该公式都是有效的，这也适用于通过合并得到的多边形。这种推理常常说得不清楚，有点像荒谬的演示。在这个时候，我并不是说这个公式是永远正确的！我只是说，如果在某些情况下是真的，那么它在其他的地方也适用。举一个实际的例子：我们在一家商店里，那里有很多糖果盒。每盒的包装上都注明了重量，我们知道糖果的价格是每磅50分。显然，如果我们拿两盒，只要把它们的重量相加再乘以50就可以了。如果一颗糖果的价格是80分或1欧元，那也是这样计算——两盒的价格是每盒价格的总和，但并没有告诉我们单盒的花费。更糟糕的是，也许有一盒糖果是用很漂亮的铁盒进行包装的，糖果的价格每磅50分，而盒子的价格是1欧元；如果我们采用普通包装和盒子，这个规则就不再有效了。

让我们看一下图16。我们有两个多边形A和B，它们一起构成了一个新的多边形C。A和B的所有内部点或边长点都属于C，除了多了图中用来分界的小圆圈外，总和没有任何改变。每个灰色的圆（在这个例子中，我们有两个，不过有多少个都无所谓）占了1/2个点，因此一共有1个点，现在合并之后变为内部点，所以点的总和不变。两个白色的圆是公共部分的端点，首先在每个多边形上计算一个单位（1/2+1/2），而现在它们在单个多边形C上计算一个单位，因此我们损失了一个单位；但是在这个公式中，我们有两个加数要减1，现在我们只有一个，所以这里刚好抵消，总数还是不变。如果这个公式对于A和B是有效的，那么它也适用于求C的面积。

从这个示例中我们可以得到两个信息。第一个是，我们理解为什么当多边形的顶点包含两个以上的边时，这个定理是不成立的——这些顶点应该数过很多次。第二个是，我们现在知道这个定理对于两个直角边在网格上的三角形来说是有效的。我们可以把这个三角形拓展成一个矩形：如果三角形的公式是错的，那么这两个一样的三角形组成的矩形的公式也应该是错的——但这太荒谬了。因此，我们找到了一个新的论点证明这个定理是有效的。

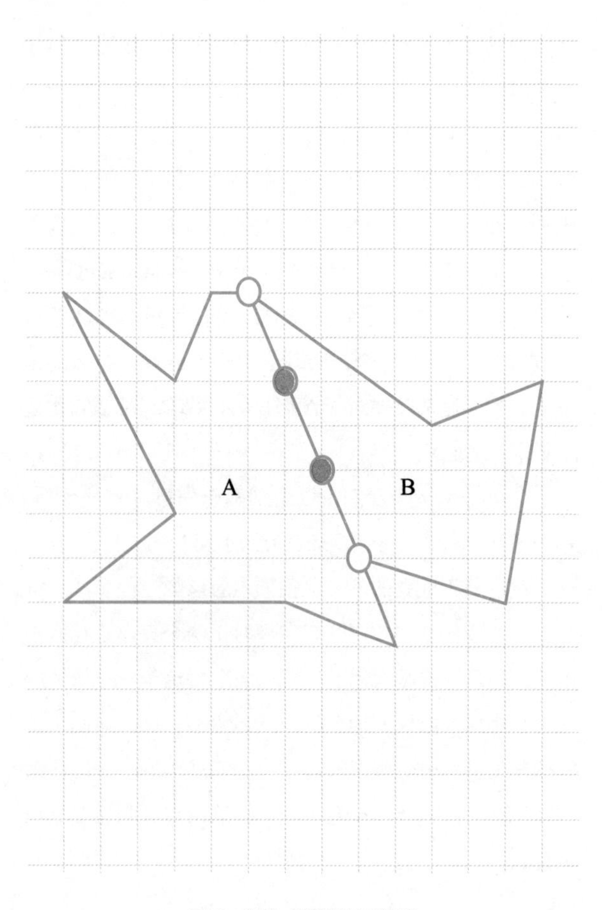

图16　共用一条边的两个多边形

现在到了激动人心的时刻了。如果在像图16这样的情况下，我们知道这个公式对于A是有效的，那么我们可以放心地说："如果这个定理对B有效，那么它也适用于C；反之亦然。"这个示例类似于上面说的用两个直角三角形拼成一个矩形。但是如果我们有一个如图17所示的三角形，我们可以把它"矩形化"，以它的三条边分别做直角三角形的斜边向外做三个直角三角形，与起始三角形一起构成一个矩形。应用三次以上的辅助定理并进一步思考，我们发现该定理也适用于起始三角形。

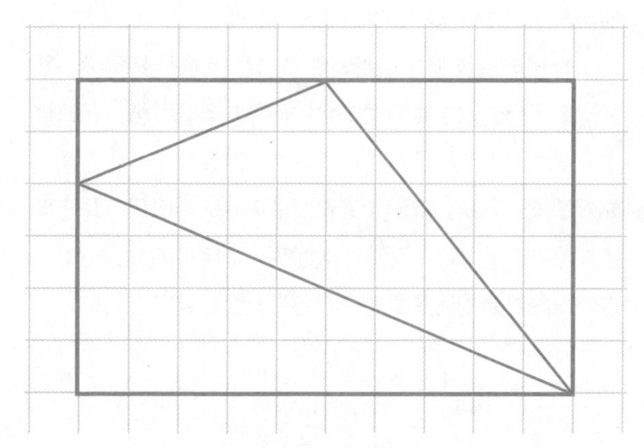

图17　三角形"矩形化"

现在取任意一个简单的多边形，首先我们要把它转换成凸的。如果这个多边形是凹的，就会有两条边所构成的一个大于平角的内角，这两条边及其另外两个顶点所围起的部分是一个三角形，这个三角形在多边形之外（这个三角形适用于定理）；将这个三角形与原多边形拼合，我们就能得到一个少一个凹点的新多边形。重复上面的步骤若干次，最后我们会得到一个凸多边形。我们也可以用另外一种方式。我们可以逐步切掉这个多边形两条相邻的边和相应的对角线所组成的三角形，直到只剩下一个三角形。通过逆向运用辅助定理，我们最终能证明这个定理。

整体的推理似乎很难，但是每个步骤都很简单，并且给出了一个数学家如何去寻找解决方案的思路。在教材中，这些论证方法都是放在后面的，就像陷阱一样，我们靠近了才会现身。我们知道它们是正确的，但我们并不真正理解背后的原因；而这一次证明一个定理的方法（不管这个命题是真的还是假的）看起来更像是寻宝游戏！

斐波那契数列和黄金分割

有人告诉我，写数学普及书的时候一定要提到黄金分割和斐波那契数列。事实上，我并不这么认为。在我看来，这些都被过于高估了。当然，它们的一些特征真的很有趣，从新时代爱好者的角度来看如此，从数学家的角度来看同样如此。但是谈论这些事情就像去罗马，一定要去罗马古斗兽场，或者去都灵一定要去安托内利尖塔。不，我选择了一个错误的例子，因为自1998年以来，在一年一度的“艺术家之光”演出中，尖塔的外观由马里奥·梅尔兹（Mario Merz）的“飞行的数字”进行了装饰，其由斐波那契数列的前几个数字组成，见图18。

对于那些不明白我在说什么的人，下面做一个简短的介绍。斐波那契数列是连续的数列1,1,2,3,5,8,13,21，…。最前两个数字是1，然后下一个数是前两个数字的和。这个名字来源于13世纪著名的数学家斐波那契，他在《计算书》中介绍了这个数列，目的是

图18　无处不在的斐波那契数列

解决兔子的数量问题：假设兔子在出生两个月后就有繁殖能力，一对兔子每个月能生出一对小兔子来，如果所有兔子都不死，那么一年以后可以繁殖多少对兔子？黄金分割比例$\phi=(\sqrt{5}+1)/2$，结果略大于1.618。将正五边形的所有对角线画出来，五角星上可以找到的所有线段之间的长度关系都是符合黄金分割比例的；图19所示的由正方形组成的黄金分割矩形其边长也是符合黄金分割比例的。黄金分割比例ϕ是一个无理数，但不同于π和e，它可以用尺规作图来获得。斐波那契数列和ϕ之间的关系很简单：斐波那契数列中前后两个数的比值接近于黄金分割比例，5/3=1.666，近似于黄金分割比例；

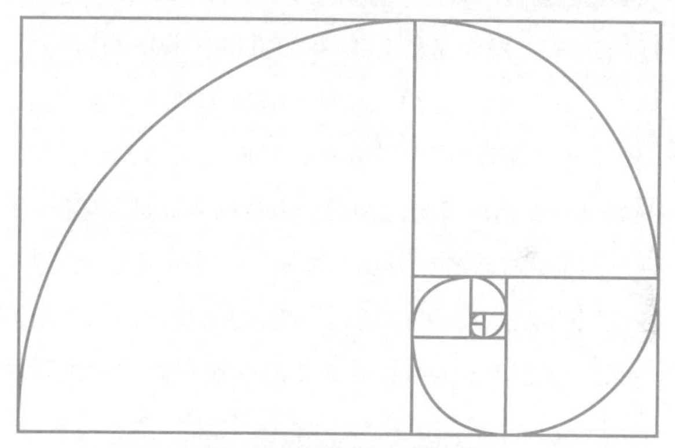

图19　黄金分割矩形和对应的螺旋

8/5=1.6，更加接近黄金分割比例；13/8=1.625，又接近了一点，然后以此类推。

当提及黄金分割时，美学无疑独领风骚。勒·柯布西耶[1]明确地使用黄金分割作为比例尺，并把它融入建筑业中。然而，其他的几个例子就有点荒谬了。例如，1960年，马丁·加德纳[2]在他的《科学美国人》杂志专栏中写到，女性的肚脐是如何根据黄金分割来划分其高度的。然而，几个月后，他刊登了一些读者的来信，他们不相信这件事，并测量了他们妻子的身体比例（要注意到当时盛行的大男子主义，并不是女性们自己想要进行测量的），发现了和文章中所讲的不一样的数据。同样，有16：10的电视机和85.6毫米×53.98毫米的信用卡，这些都类似于黄金矩形，但并不是说所有这些情况都是刻意追求黄金比例的，也有可能只是简单的巧合。另外，在帕提依神庙和埃及金字塔中也发现了黄金分割的痕迹，在波提切利[3]的作品《维纳斯的诞生》中和列奥纳多·达·芬奇的作品中也有类似的发现。

---

❶ Le Corbusier：20世纪最著名的建筑大师、城市规划家和作家。
❷ Martin Gardner：美国著名数学家和数学科普作家。
❸ Botticelli：意大利文艺复兴时期著名画家。

达·芬奇是卢卡·帕乔利[1]的朋友，而帕乔利正是使得黄金分割重新引起人们关注的数学家，达·芬奇从他那里知晓黄金分割也不足为奇。

其他的跟黄金分割有关的例子是音乐方面的案例。巴赫、莫扎特、贝多芬和巴托克的各种作品由两部分组成，这两部分的节拍数就符合黄金分割比例。这跟黄金分割矩形的边符合黄金分割比例更赏心悦目一样，这种运用的技巧也是近似的。对于所有在1.5和1.7之间的比例，我们都可以称其为黄金分割比例，只是没有那么完美而已，就好像那句俏皮话说的一样，“2+2四舍五入等于3”。相信鹦鹉螺的外壳会形成黄金螺旋——也就是构成形成黄金分割矩形的方格中四分之一个圆周所产生的曲线——也是错误的。在这种情况下，我们必须认识到，壳体的真实曲线——对数螺旋是非常接近黄金螺旋的。

在这些令人失望的举例之后，我必须承认，在数学世界里，黄金分割比例仍然是名副其实的。我们已经看到正五边形的对角线各线段之间的比例等于φ，我们稍后会看到五边形和五角星之间的这种关系，在《浮士

[1] Luca Paciol：意大利著名数学家，近代会计学之父。

德》中，正是这种五角星把苏醒的撒旦封印了起来。黄金分割数也引发了一些非常有趣的结果。

φ的倒数为$\varphi-1$，φ的平方为$\varphi+1$。除了这些平淡无奇的发现以外，φ在数字理论中还发挥着很重要的作用。正如前文所讲到的，斐波那契数列中的数字接近于黄金分割比例；可以证明这些结果已经是最近似的数值了，如果把这个近似值写作m/n的话，那么不存在m'/n'（其中$n'<n$）比m/n更近似于φ的情况。然而，φ是一个“难以靠近”的无理数，这就意味着其他的数字只能通过分数的比较来趋近于黄金分割比例。例如，$233/144\approx1.618\,055\,5$，而$\varphi=1.618\,033\,9\cdots$，两者小数点后只有4位数字是一样的；而$355/113\approx3.141\,592\,9$，与圆周率$\pi$小数点后有6位数字是一样的。在《斐波那契》周刊中可以找到相关的资料，这本杂志从1963年就开始收集跟斐波那契数列和黄金分割相关的文章。

在自然界中也有斐波那契数列的影子。有一些植物，如橡树、梨树，它们在茎或树枝上生长的叶子会形成一个螺旋。上下相对的两片叶子中间的叶数，是斐波那契数。这种情况与光合作用有关：这种排列方式意味着，每一片叶子都可以获得最大的光照量，而不被上面的叶片所覆盖。同样的事情也发生在向日葵花盘和菠萝果实的“鳞片”上，它们左右螺旋线的条数也符合斐波那契数列。

后来人们才发现这个谜团的答案。第一个结果是在1979年，当时赫尔穆特·沃格尔（Helmut Vogel）研究了一种螺旋的几何模式。首先，沃格尔发现了一个角，能把一个圆周切割成黄金分割比例，这个角度大约是137.5°。如果增大或减小这一角度，则得到的螺旋线就变宽松了，这意味着向日葵的种子被尽可能紧凑地排列在一起。2004年，亚利桑那大学的艾伦·纽厄尔（Alan Newell）和帕特里克·希普曼（Patrick Shipman）将弹性理论应用到仙人掌的生长中，他们发现了计算最小化所需弹性能力的方程式中包含了一个重复的项，跟满足斐波那契的基本条件有关；最后，在2013年，艾伦·纽厄尔和马特·佩尼巴克（Matt Pennybacker）证明了生长激素（一种控制植物生长的激素）的浓度按照黄金分割比例均匀地分布在各个位置上。数学之美就在于此！

心算

在意大利，本土出版的图书并不十分繁荣。然而，有一个例外：山田拓海（Yamada Takumi）和丹尼洛·拉培亚（Danilo Lapegna）写的《心算秘籍》（*La bibbia del calcolo mentale rapido*）两年来一直处于Kindle排名的前列。这种成功肯定意味着什么，但我不知道该说什么。也许他们说得对，在大脑里进行计算可以提升我们在其他非计算领域的能力。毫无疑问，他们提出的一些技巧在日常生活中是有用的，如将数字加在一起以获得尽可能多更容易记忆的整数；他们的建议是，事情要一件件分开做，这样才能更容易掌控事态，这个理论在任何地方都是适用的。然而，我对吠陀数学的有效性表示怀疑。在我看来，这只是一套严格的规则，就像学校里教我们的一样，只是理解起来更困难而已。当然，这可能是我的偏见。每个人都有自己看待事物的方式。

山田拓海和丹尼洛无疑是正确的，要在大脑中进行计算的话，你必须训练自己去寻求最简单的方法来执行操作，寻找正确的捷径。你知道物理学家和数学家煮鸡蛋的笑话吗？他们俩都往锅中放了水，点火，等水开后放鸡蛋，再等上8分钟。在第二次试验中，锅里的水正在沸腾的时候，物理学家把鸡蛋丢了进去，而数学家把火关了，然后把锅里的水倒掉，很开心地说："我又回到之前的状态啦！"笑过以后，想想老师是如何在学校教你的，或者说电脑是如何运行的。学习一种通用的方法，无论起始的数字是什么，都可以回到原始的状态。在许多特殊情况下，我们放弃了处理的速度，不过另一方面，我们可以减少需要记住或编程的东西的数量。学习心算的技巧将使你的思维保持良好状态，并使我们习惯于在数学之外寻找简化我们生活的非标准资源。我不想和这两位作者竞争，不过我将向你展示一些你可以和你的朋友们一起玩的小游戏，让你像天才神算子一样受到称赞。当然，一开始肯定要接受一些训练，也免不了死记硬背。这些游戏技巧通常都要求我们先记住一些东西，后续才能做到得心应手。就像在学校里记乘法表一样，最好记到20，要是能记到40就更好了。

首先，让我们做一个简单的热身练习：求一个以5结尾的两位数的平方。例如，85的平方是多少？我们可以用8乘以排在它后面的数字9，得到72，然后在72的右边加上神奇的数字25，就得到了7 225，这就是我们最终想要的答案。这种算法也适用于超过两位数的数字——例如，115的平方是13 225——不过在这种情况下，计算会稍微复杂一些，而两位数的平方很快就可以计算出来。这个是怎么做到的呢？很简单，我们把一个数字写作$10a+5$，把它当成一个二项式，然后计算平方，那么就会得到$100a^2+100a+25$，我们可以把这个式子提取公因式，写为$100a(a+1)+25$。这两个组成部分就让答案显而易见了。

许多快速的心算技巧其实都利用了多项式的因式分解。你最终会在实际应用中看到所有那些学校教给我们带字母的运算都有些什么用途。当然还可以证明我们做作业很小心，没有在某个步骤出错。

如果要计算50～60之间某个数的平方，过程也是类似的。这次我们还要用到神奇的数字25。用给定的那个数的个位上的数加上25，然后再计算个位数字的平方。例如，对于57的平方3 249，左边32＝25+7，右边49＝7×7。在这种情况下，使用的等式是二项式的平方，这一次我们列出的等式是$(50+a)^2=$

$2500+100a+a^2=100(25+a)+a^2$，这和我们之前做的是一样的。如果你觉得意犹未尽，你也可以用类似的方法来计算40 ～ 50之间的数的平方。这次我们还会用到神奇的数字25，不过方法有所变化：先用10减这个数的个位数得到差值，用25减这个差值就是平方数左边的数字，然后再计算差值的平方作为平方数右边的数字。我们以42为例，差值是10−2=8，左边是25−8=17，右边是$8^2=64$，这样就得到了1 764。

另外，公式$(a+b)(a-b)=a^2-b^2$是计算两个相邻数乘积时要用到的，要求ab要么都是偶数，要么都是奇数。假设我们想知道47×43是多少。这两个数的平均值是45，所以我们可以把这个乘积看成$(45+2)(45-2)=45^2-2^2$。现在，有$45^2=2\ 025$（还记得上面的热身练习吗？）和$2^2=4$，答案是2 025−4=2 021。我向你保证，通过一点小小的练习，最复杂的事情是要知道应该使用哪些技巧而已，这些计算真的就只是小菜一碟。

这些只是一些心算的技巧而已。代数公式还有很多其他用途，篇幅有限，这里就不展开讨论了。我要用一个效果很好的小技巧来收尾，不过这个不能经常用：心算开5次方根。让某人想一个两位数，算出这个数的5

次方，告诉你结果，然后你可以马上告诉他这个两位数是多少。这是怎么做到的？这是记忆和数学的结合。首先，整数的5次幂的个位数与这个整数的个位数相同，这样你就知道个位数是多少了；然而，要找到十位数，你必须有一个数量级的概念。10的5次方是10万，20的5次方大约是300万，30的5次方大约是2 000万，40的5次方大约是1亿，50的5次方大约是3亿，60的5次方大约是7.5亿，70的5次方大约是17亿，80的5次方大约是32亿，90的5次方大约是60亿。记住这些数字，当你听到对方报出的数后，你就能快速找到正确的数字。正如我在开始时所说的，心算还是得费点力气的，但是并没有看上去的那么费力。

不要蒙答案

我们每个人对考试都不陌生。想必喜欢《花生漫画》的读者们肯定记得薄荷·派蒂[1]是如何在学业测试

[1] Piperita Patty：动漫作品《花生漫画》中的一个角色。

中运用特别的方法，艰难地打赢一场硬仗的。莱纳斯[1]则有自己投机取巧的方法。在某一场考试中，他这样想："让我来看一下……判断题的第一题肯定是√；因为要平衡一下对和错的数量，第二题肯定是×；第三题的话为了出其不意，应该是×；之后是一个√，两个×，三个√（老师们总喜欢出连续3道正确的题目）；最后两道题，一个是×，一个是√。"最后，莱纳斯很高兴地说："要是进行仔细研究的话，不用学习也能把判断题做对！"结果莱纳斯的答案全错了，然后他辩白说自己的推理是完美的，只是第一道题的答案是×。不过他的技巧并非完全没有依据：仔细研究一下选择题的扣分规则，就有更大的概率取得好成绩。

你有没有想过为什么在一些考试中，每道选择题都有5个可能的选项，而分数是以一种特殊的方式分配的？答对一题可以得1分，不答得0分，答错的话倒扣0.25分。为什么会扣分呢？原因很简单：出卷的人想要防止有人在不知道正确答案的情况下，连蒙带猜选对了答案。

在判断正误的题目中，机智的出卷人会事先声明，答对可以得1分，答错倒扣1分。因此，如果有20道判

[1] Linus：动漫作品《花生漫画》中的一个角色。

断题，全靠碰运气的话，那么平均下来答对的题目和答错的题目是一样的，都是10道，卷面成绩是0分，跟交白卷是一样的效果。更一般地来说，倒扣分的分值是根据选项的数量来计算的。把这个值设为n的话，即有n个选项，碰运气的答题人选对正确的那个选项得1分，然后剩下的选项都是错误答案。选择错误的答案扣掉的分数是1/（n−1），平均下来最终的得分是0分。如果每错一个问题，倒扣的分是0.25分的话，那么我们就可以推算出这个问题对应的选项有5个。

如果答错会被倒扣分数，那么是不是就意味着所有的碰运气都是没用的呢？不完全是。选择题一般都会有1个或2个明显错误的选项。不知道从出题者的角度来看，加入这样的选项是不是很有用，还是说出题人没有足够的想象力去编造一个似是而非的选项，又或者是想测试学生在概率领域的知识面。不过，聪明的学生会好好利用这个机会。让我们用之前的假设来举一个实际的例子：一个问题有5个选项，答对得1分，答错倒扣0.25分。如果我随机地在这5个选项中进行选择，那么我在这道题上得到的平均分数（统计学家所说的期望值）是0。然而，让我们想象一下，去掉一个明显错误的选项，然后随机选择另外4个，平均下来，我会答对1次，答错3次，那么最后的分数是0.25分。因此，单个问题的期望值是0.25 ÷ 4 = 0.062 5。如果我们可以事先排除两个选项，那期望值甚至会上升到0.5 ÷ 3 ≈ 0.166 7。你可能会说，费这么大力气，最后结果只是这样而已，不值得。但省下一分钱就相当于挣一分钱，谁知道出题者会不会为了让我们通过考试安排一些可以帮助猜测的选项呢！

到目前为止，我们有了基本的理论，但是我们可以做得更好，正如我下面将要讲到的。在2012年的问答比赛中，预选采用单选题，备选项是4个；答对一题得1分，答错一题扣0.5分，不答则不得分也不扣分。在这种情况下，随便选一个作答是不利的，因为期望值是负的（−0.125）。从统计学的角度来说，去掉一个明显错误的选项，然后在剩下的3个选项中随机选一个的期望值刚好是0；但如果能去掉两个错误选项，把可能的选项限制到两个，那你就可以大胆地抛硬币了，因为这时的期望值是0.25。

然而，上面所进行的简单统计分析并没有考虑到一个特别的情形：在这种情况下，有一个最小阈值。比如，

50道题必须得35分，如果得分低于35分的话，那么就不能通过预选。换句话说，得到34.5分、30分或0分，结果都是一样的。如果我们要对这个数量进行计算的话，会花费掉很多时间……或者至少提供一台电脑来进行计算。我试试看在简化的情况下会发生什么。这里只有10道题，你至少要得到7分，其中6道题的答案你很有把握，剩下4道题你都不会做。如果这4道题你都不做，你就通不过考试。为了通过考试你要蒙几道题呢?

让我们先来看看最有利的情况，4道题中的每道题我们总是在两个选项之间犹豫不决。在下面的表格中，第一行对应的是你要回答的问题的数量，而下方的数字表示你获得的分数及相应的概率。如果单元格的背景是灰色的，那么表示可以通过考试，否则就不能通过。

1	2	3	4
7(1/2)	8（1/4）	9（1/8）	10（1/16）
5.5(1/2)	6.5（1/2）	7.5（3/8）	8.5（1/4）
	5（1/4）	6（3/8）	7（3/8）
		4.5（1/8）	5.5（1/4）
			4（1/16）

可能大家早已想到了，你应该试着回答剩下的所有题，并且有超过68%的机会（更准确地说是11/16）通

过考试。最糟糕的做法是回答其中两道题，因为在这种情况下，通过考试的机会减少到25%，随机回答一道或三道题而通过考试的概率是50%。

如果答题者能力并没有那么强，每道题的4个选项都不能排除。这种情况下，该如何呢？

1	2	3	4
7(1/4)	8（1/16）	9（1/64）	10（1/256）
5.5(3/4)	6.5（3/8）	7.5（9/64）	8.5（3/64）
	5（9/16）	6（27/64）	7（27/128）
		4.5（27/64）	5.5（27/64）
			4（81/256）

这种情况下的应对策略也是可以想见的：既然回答每道题都有被扣分的风险，那么明智的做法是只回答一道题。虽然成功的概率只有25%，但总比什么都不答或者答太多道题好。

然而，最有趣的是，我们可以排除一个选项，剩下的三个选项要靠猜测的这种情况。下面是对应表。

如果我们只回答一道题，我们有1/3（大约33%）的概率通过考试；回答两道题的话，下降到1/9（约11%）；回答三道题的话，稍微上升到7/27，接近

26%。但是如果我们试着回答四道题，成功率会上升到11/27，这超过了40%！

1	2	3	4
7（1/3）	8（1/9）	9（1/27）	10（1/81）
5.5（2/3）	6.5（4/9）	7.5（2/9）	8.5（8/81）
	5（4/9）	6（4/9）	7（8/27）
		4.5（8/27）	5.5（32/81）
			4（16/81）

为什么结果会有差异？统计数据不是表明不管是去冒险还是不回答，最后的平均分数都是一样的吗？当然是的。但我们对平均值不感兴趣，而是对达到某一阈值的概率感兴趣。我们可以承受以较低的分数被拒绝，如果反过来，那就增加了得分的机会。换句话说，平均值让我们知道单个数字是怎么回事，但我们不能傻乎乎地在每一个场合都使用它，我们必须首先了解我们真正需要的是什么。当然，在很短的考试时间里，想这些问题是没有用的，不如多准备一下怎么推断问题和基础数学吧！

数学魔术

一般来说，当提到魔术师时，我们会想到一双灵巧的手，当他进行魔术表演时，他会把观众注意力吸引到他的手上。然而，有许多著名的魔术不需要手法，而是使用数学来达到预期的效果。有几个数学家设计了魔术，让那些不愿意在学校学习的人，有时甚至是专家都感到惊讶。佩尔西·戴康尼斯[1]和罗恩·格雷厄姆（Ron Graham）甚至写了一本相关的书——《神奇的数学》（*Magical Mathematics*）。

在数学魔术中，纸牌是经常用到的道具。你可以给大家看牌面上的数字，也可以牌背朝上，让这些牌难以区分，很容易混合到一起，或者假装把它们混匀了。其实，把牌混匀（用更专业的术语来说就是洗牌，不过现在连魔术师都不怎么爱用这个词了）这个动作有个很迷人的地方。一次完美的洗牌要求把牌分成相等数量的两份，然后使得两份牌中的每一张相互交叠。比如，如果

[1] Persi Diaconis：美国数学家，曾为职业魔术师。

我们有10张按1～10编号的纸牌，那么应该分成两组纸牌，1～5号一组，6～10号一组。洗完之后牌的顺序应该是1、6、2、7、3、8、4、9、5、10。如果是一副有52张牌的纸牌，在经过8次这样的洗牌之后，牌的顺序就会和开始的时候一模一样！千万不要相信魔术师会把牌混匀，如果他够厉害的话，他可以用这副牌做任何事情。

对于那些像我一样没有什么手法，又没办法把牌洗得很完美的人来说，可以玩一个基于一些数学特性的著名魔术，只需要一副牌和两个懂得一些简单计算的人就可以了。魔术师离开舞台，一名观众把牌混匀，并从中选5张牌，然后他把牌交给魔术师的助手。后者看了看牌，把其中一张给回了观众，剩下的4张按一定顺序排好。此时魔术师返回，看了看这4张牌，然后说出了观众手里拿着什么牌，观众掌声雷动（希望如此）。他是如何做到的？使用数学！助手必须找到一种方法来提供猜测所选纸牌所需的信息，只能以某种方式对其他4张牌进行排序。幸运的是，对于52张牌，你可以选择一个相当简单的策略。

下面我们用数学对这个“魔术”进行揭秘。首先，我们可以肯定的是，抽走的5张牌里至少有两张牌是相同的花色。助手会把这两张牌中的一张交还给观众，把另一张放在第一位；看到它，魔术师就知道观众手中的那张牌的花色了。要想知道这张牌的数字，可以利用其他三张牌的排列顺序。大家知道，3个元素如a、b、c一共有6种排列方法：abc、acb、bac、bca、cab、cba。想象一下，我们可以把三张牌与这些排列方法关联起来（排序法），并为每种排列方法指定1～6中的一个数字来代表。魔术师会用第一张牌的数字加上这个数字，然后去对应从K到A，从而得出答案。例如，在图20中，第一张牌是梅花J，后面三张牌是方块7、黑桃K和梅花3，这三张牌构成的是bca组合，对应的数字是4。因此，魔术师会从梅花J开始数4张牌。从而推算出翻着的牌是梅花2。

如果大家看到这里还没有晕头转向的话，那么应该提出两个反对意见。第一个是，其他三张牌上的数字并不总是有大有小，如果有相同的数字我们该如何排序呢？这个好解决，只要事先确定好花色的顺序就可以了。第二个反对意见似乎更棘手一些。如果隐藏的牌是梅花5的话，那么它和梅花J的距离是7（顺序为J、Q、K、A、2、3、4、5），但我们只能摆出6种

图20　第一张翻着的牌是什么

组合，这时我们该怎么办呢？诀窍就在选哪张牌交给观众，但却没人发现！让我们从头开始。我们已经知道，抽取的5张牌里至少有两张是一样的花色。因此，助手至少有两种可能来选择让观众拿哪张牌。只要做一下简单的计算，助手就可以知道自己该如何安排随机选出的两张同花牌并确保这两张牌的距离不会超过6。对于这个例子，他可以把梅花J留给观众，梅花5（距离J有6个位置）作为第一张翻开的牌，另外3张牌的排列顺序是黑桃K、方块7、梅花3。所用的技巧总是有效的，唯一的问题是得找到一个得力的助手，他不会把对应关系搞错。

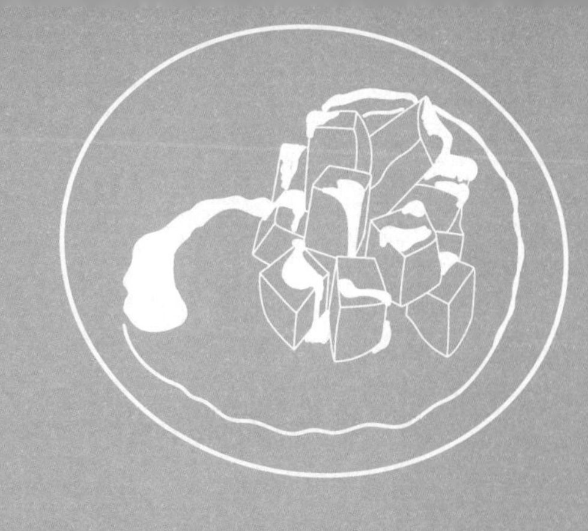

甜点

趣味数学

密铺多边形

买彩票的最佳时机

比萨定理

一年中哪天黑得最早

比尔·盖茨和翻煎饼难题

冰雹猜想

民意调查中的坑

共享知识

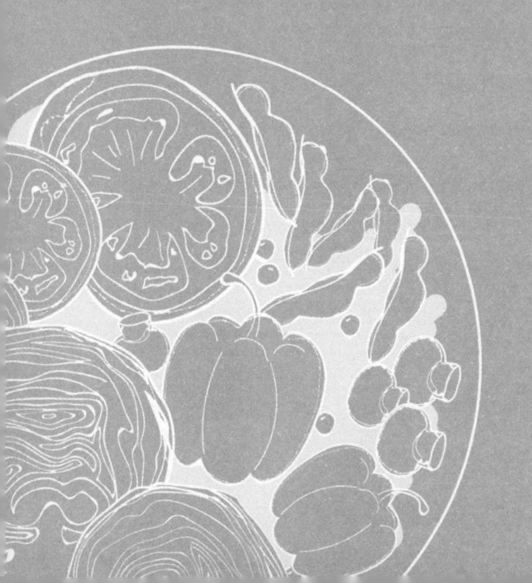

密铺多边形

格子床单的图案有什么特点？嗯，有很多的方块填满了整个画面。这些方块边长可以是1厘米或5毫米或4毫米。方格纸的情况与之类似。不管在什么情况下，如果我们有一张无限大的纸的话，都能用正方形来填满它，不会留下一点空白：从技术上讲，用正方形来平铺是可能的。正方形并不是唯一可以铺满平面的正多边形，还有我们可以在蜂巢上看到的六边形，以及三角形。对于其他正多边形来说，只靠这一种来铺满平面是不可能的。从正七边形开始，其内角就大于120° 了，3个多边形的内角拼在一起就超过一个圆周角了。正五边形的话，内角是108° ，3个太少而4个又太多。

当一个数学家再也找不到其他解决问题的办法时，他会想些什么呢？使这个问题一般化。最简单的一般化是考虑不同类型的多边形出现的情况。如果我们确定多边形的每一边恰好匹配另一个多边形的一边，并且该图形的每个顶点与其他图形的顶点相重合，那么这时，跟它相接的多边形总是相同的，并且按照相同的顺序进行排列。如图21所示，我们还能看到其他8种密铺多边形的方式。

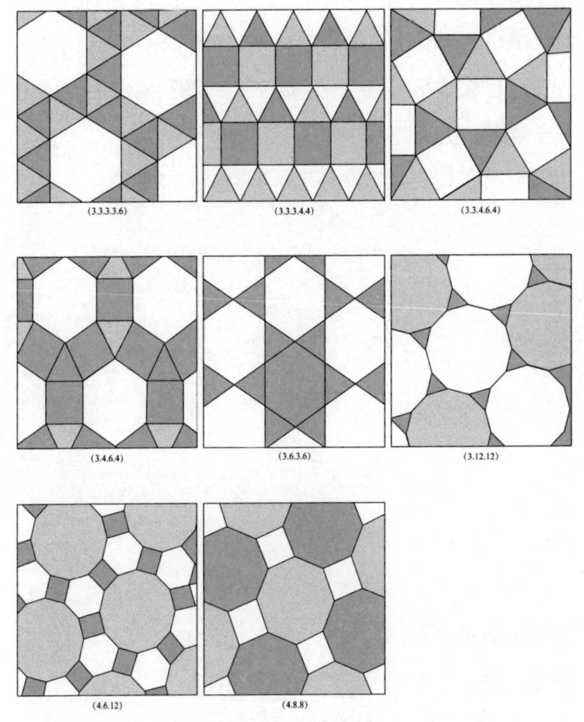

图21　不同规则的多边形密铺

在这一领域里没有标准技术，直觉非常重要。图22所展示的部分多边形密铺是1977年由玛乔里·莱斯（Marjorie Rice）发现的。莱斯是一位年过40岁的女士，她在读了《科学美国人》杂志上由马丁·伽德纳（Martin Gardner）撰写的关于密铺的专栏之后，又发现了4种在数学家们眼皮子底下逃掉的漏网之鱼。1995年，莱斯又发现了另一种五边形的密铺方式。如今美国数学协会的建筑入口就是用这种密铺方式建的。

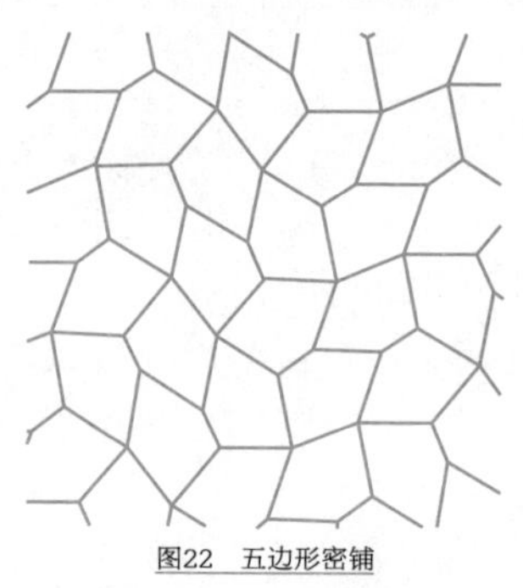

图22　五边形密铺

然而，五边形的密铺也非常隐晦。到目前为止，我们所看到的密铺都是周期性的。也就是说，如果我们把它们画在两张薄纸上，然后移动其中一张，我们就可以找到无限个位置，使得这两张纸上的图案能完美重叠在一起。在这种情况下，一个数学家不可避免地会想：是否有可能找到一个非周期性的平铺或者说是一组只能以非周期性的方式来覆盖表面的方法？

1966年，罗伯特·伯格（Robert Berger）得出了一个非常重要的理论结果：不存在这样的算法，对于给定一组特定的图形是否能完全覆盖一个表面进行判定。这个问题实际上可以换个说法：数学家们说可以将永不停止图灵机转为这些图形，但图灵机的停机问题具有不可判定性，所以算法是无解的。但之前的研究已经证明，如果存在这样的算法，那么这些图形本身可以对平面进行密铺，势必会产生非周期性密铺。当人们知道有一个解决方案存在的时候，这个方案就更容易被找到，伯格就找到了这样的一个例子，他利用20 426个不同的图形完成非周期性平铺。此后，伯格使用了104个图形来尝试进行非周期性平铺，而之后有数学家使用的图形数量更少，直到罗杰·彭罗斯（Roger Penrose）用两对不同的图形完成了非周期性平铺，如图23和图24所示（为了精确起见，这些形状在侧面带有突起以防止它们成为周期性结构的一部分，但为了不使绘图复杂化，我不希望显示它们）。

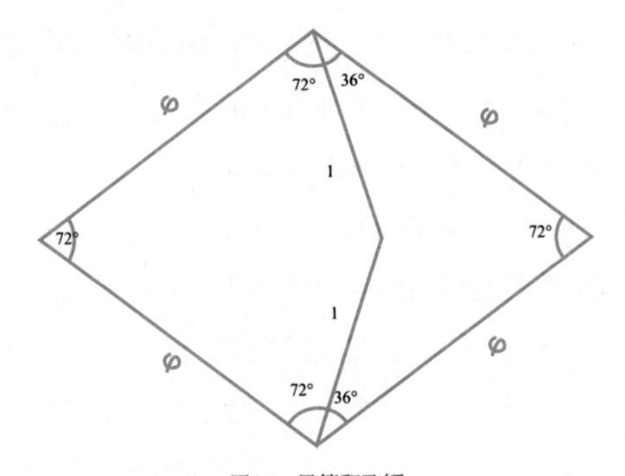

图23　风筝和飞镖

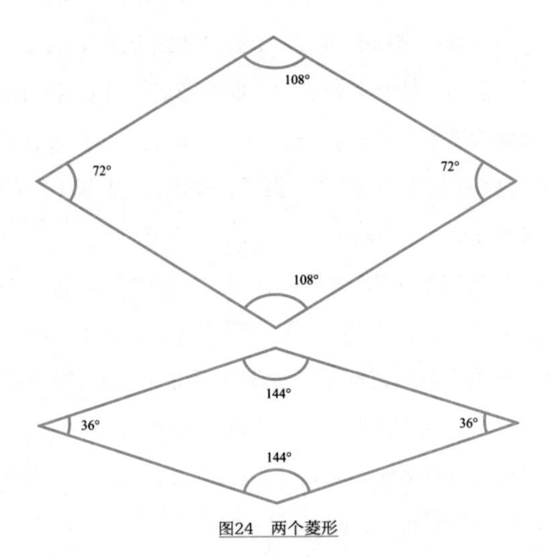

图24　两个菱形

彭罗斯把图23称为风筝和飞镖（稍加一点点想象力，就会发现还是挺像的）。正如你所看到的，它们是通过将一个内角分别为72° 和108° 的菱形分割而得到的，并且其中的边也符合我此前所说的黄金分割比例。在图25中可以看到，密铺是由两个菱形开始的，很明显我们可以通过继续添加菱形使其变得无限大，并且不留任何空隙。为了证明这一点，彭罗斯进行了转换，每一个图形都可以用更小的图形代替。这样，基础图形就变得越来越复杂，并且在极限时它将覆盖整个平面。彭罗斯是个聪明人，他为此在美国申请了专利（专利号是4133152）。

这两个菱形很有趣，因为108° 刚好就是正五边形内角的角度。而我们在风筝中发现的144° 角，是正十边形的内角。这有助于理解为什么用这样的图形进行平铺会显示出5阶的旋转对称，而我们所看到的，用正多边形是无法做到的。乍一看考虑平铺问题似乎很愚蠢，但它在水晶世界中很重要。在自然界中，晶体可能有顺序2、3、4和6的旋转对称，但不是顺序5，这跟五边形不能密铺一个平面的原因是一样的：结构中会有空

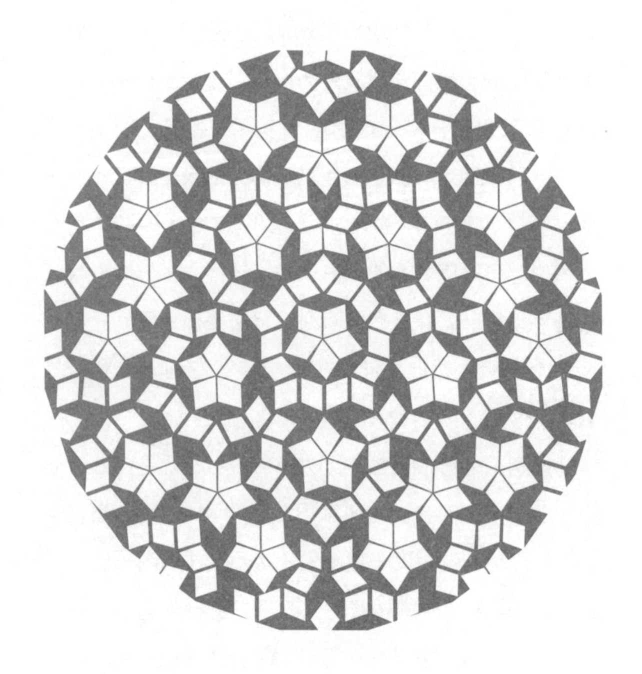

图25　菱形组成的密铺

隙。这个理论很清晰。所以可以想象，当1982年丹·谢赫特曼[1]成功地创造了铝和锰的晶体合金，并表现出5阶对称性时，引起了多大的轰动！他把彭罗斯和其他数学家理论上的非周期性结构带到了现实世界中，并且创造了准晶体理论，他因此获得了2011年的诺贝尔化学奖。

买彩票的最佳时机

我不喜欢彩票。但我很感谢买彩票的人，因为他们给国家上交了一部分钱，这样我可以少交一些税。我并不是一个极端分子，如果我很喜欢到酒吧喝咖啡消遣的话，那么人们出于纯粹的爱好去买彩票也无可厚非，只不过不要对中奖有太大的期待就好了。

但是，我想给你一个建议：我将向你展示买意大利超级大乐透（Super Enalotto，1～90间选6个号码）的最佳时机。我们从计算6个号码的概率开始。我们有

[1] Dan Shechtman：以色列材料科学家。

1/90的概率猜中第一个抽取的数字，1/89的概率猜中第二个数字而不是1/90，因为不可能两次抽中同一个数字，之后的概率分别是1/88、1/87、1/86和1/85。所有这些概率都必须相乘，因为它们是独立随机事件。然而，在相乘时，我们没有考虑到这6个数字可以按任意顺序被抽取的事实。因此，我们必须将总概率除以由6个不同数字组成的不同顺序的总数。数学告诉我们这个数字是6！（6的阶乘），它的值是720。计算结束，我们可以看到，买中6个号码的概率是1/622 614 630。

现在我们再做一个计算。根据意大利国家统计局（Istat）的数据，2014年，意大利有3 381人死于交通事故，平均每天超过9人。因为我们大约有6 000万人口，所以某一天我们因车祸死亡的概率大约是600万分之一，比我们买中6个号码的概率还要大100倍。换个方式说，如果我们在超过开奖时间15分钟前购买彩票的话，那我们更有可能成为交通事故的受害者，而不是买中6个号码的幸运儿！如果我们能接受5+1的结果，情况会乐观一些。买中它的概率是1/103 769 105，因此我们可以在开奖前的一个半小时里尽情地玩耍，以获得比被车轮碾轧更大的机会。

我得声明的是，我所做的这些计算是建立在不真实的假设基础上的。最微不足道的是，获胜的概率随着下注的增加而增大。如果我下12注，我就有3个小时的自由时间！更严重的是，下注的概率在地点和时间上并不统一。幸运的是，到摊贩那里买两张彩票要比大半夜在街头疯狂飙车丢了命安全多了。但基本的考虑依然存在：在意大利买彩票买中6个数字实在是太难了，因为对比其他的国际彩票来说，它的组合方式更加多样和复杂。在2008年这个彩票刚开始出现的时候，前几个星期根本没有人能中大奖。心情复杂的意大利环境保护及消费者权利保护协会（Codacons）甚至提出封存当前的累积奖金，这些奖金已经达到上亿欧元，之后又被分成小额的奖金进行发放。上帝不会玩骰子，但是他一定有幽默感，在开奖几次之后，在人们的呼声中终于诞生了一位买中6个号码的幸运儿。

然而，在一件事上，Codacons是对的：意大利超级大乐透是一种“欺诈”。SuperEnalotto.com网站证明，销售彩票所产生的60%的钱用于分配奖金，这意味着买彩票的人平均会损失40%的钱。相比之下，即使是美国的轮盘赌，平均损失也只有5%多一点，不算太糟。不过倒真的有一种彩票，聪明的人真的能靠这个赚钱！

2004年，马萨诸塞州当局决定改变他们的彩票。之前的彩票名叫“百万马萨”（Mass Millions）有点名不副实：在此前一年，没有一个人赢得大奖，人们感到希望渺茫，所以彩票销量下降。设定新的彩票规则并不简单，我向你保证，彩票站的工作人员都很有经验。在马萨诸塞州，他们选择了一条捷径。他们从邻近的密歇根州借鉴彩票经验，把他们的WinFall彩票进行改良，变成了马萨诸塞州的Cash WinFall彩票，还在里面增加了“杀手”的规则。如果头等奖的奖金已经达到了200万美元，而没有人赢得它，那么在下一次摇奖中，它将减至50万美元，其余的钱将被重新分配到小额的奖金中，而这些奖金将比标准的数目多得多。让我们考虑一下把大额奖金减少、分散，这正是Codacons所希望的机制。这个想法很简单：人们会更热衷于买彩票，因为他们知道奖金很快就会被重新分配。我不知道买彩票的人们是否想过这一点，但有人对理论上的可能性非常感兴趣。

我跑题了。Cash WinFall彩票是从数字1～46中选取6个数字。因此，买中6个数字比意大利超级大乐透更容易，它的概率约为930万分之一，但这仍然非常困难。当然，还设有一些小额的奖金，但是这样做的结果是，花2美元买彩票将会平均赢得65美分。这是一个“无数”的定律骗局。但是，当头奖被重新分配时，会发生什么呢？例如，在2005年2月7日，累积了近300万美元奖金，但没有人中奖——有47万张彩票售出，中奖的概率很低——因此奖金池被细分，给那些猜中4个数字的人分得140万美元。猜中4个数字的概率大约是1/800，从统计学上看，有大约600名幸运儿，他们不仅能获得150美元的标准奖金，还能获得2 385美元的累积奖金。算一下你就会发现，只考虑买中4个号码的情况，2美元票价的预期收益差不多是3美元，而算上其他所有奖项，一张彩票的收益可超过5.5美元。

只买一张彩票起不了什么作用，买中4个号码的概率只有1/800，因此很容易就会输钱。但是通过统计学计算，我们可以买上几百张彩票，这样赚钱的概率就大大增加了。谁会有这样的想法？在麻省理工学院，有个叫詹姆斯·哈维（James Harvey）的学生——一个正在确定论文题目的毕业生，他是第一个意识到上述计划潜在价值的人。那天他花了1 000美元买彩票，赢了3 000美元。有了这个潜在的想法之后，他和他的同学Yuran Lu建立了“随机投资策略”（这个“随机”不是我们平时所说的那个词语，而是麻省理工学院一栋学生宿舍楼的名字）。每当奖金池里累积的奖金重新分配给小奖时，他们就开始重复这个技巧。然而，过了一段时间，有另外的人或群体意识到发生了什么，他们也做了同样的事情，开始买很多的彩票。这样，奖金池被分给了更多的人，这个操作开始变得不方便了。最后一次发生在2010年8月，哈维的团队意识到，头奖的累积奖金将会少于200万美元，但是如果购买足够的彩票将使其超过这个门槛。其他的团体没有考虑到这种可能性，所以哈维的团队购买了70万张彩票，最终他们赢得了963个奖项中的860个。据估计，在运营的7年里，该团队的收入已经达到了300万美元。

马萨诸塞州当局在那段时间里做了什么？什么都没有。他们知道有可疑的人在大量购买彩票。也许他们甚至意识到发生了什么（尽管对此我严重怀疑），但对他们来说，这件事无关紧要！每卖出一张彩票就意味着有钱进账，奖金池里的钱是分给很多人还是被一个人赢了大头都是一样的。麻省理工学院的学生和其他团体赢来的钱不是来自马萨诸塞州当局，而是来自那些买彩票但没中奖的人：就当作是对智商征税吧。这样的戏码后来中断了，因为由于外部压力，马萨诸塞州当局在2011年限制了每个人可购买的彩票数量。2012年初，他们用另一种彩票取代了Cash WinFall。希望这次不会有漏洞。

我不知道Codacons在提出诉求的时候会不会想到还有Cash WinFall这样的案例，但是这个故事说明了偶尔玩一玩还是蛮开心的！

比萨定理

阿尔多和妻子埃斯特在家里订了一份比萨，现在他们要把它切了分着吃。阿尔多切了垂直的两刀，但两刀都没有经过比萨的圆心，如图26的上图，切完他就去拿最大的一块。在妻子震惊的目光下，他停下手，解释说："这次我拿了比较大的那块，下次我就拿那个小的，这样我们两个人吃的是一样多的。”埃斯特把刀从他的手中拿过来，在前两刀的交叉处又切了两刀，现在比萨被切成8块，每块的尖角都是45°，就像图

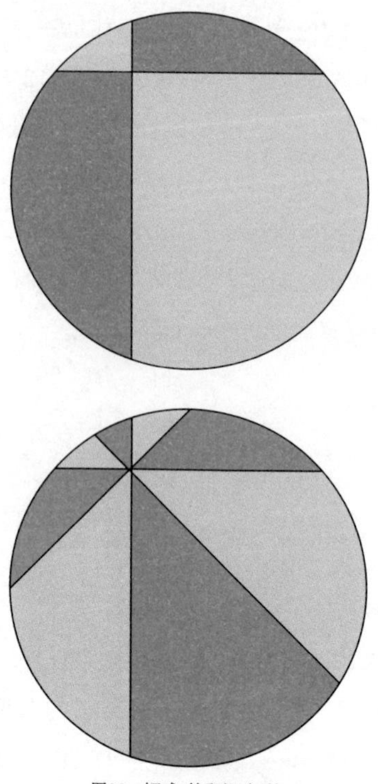

图26　切成4块和切成8块

26中下图。然后她对丈夫笑了笑，轻声说："这样就好多了。我拿最大的这块，然后剩下的按照顺时针来分。"看着阿尔多眼中充满困惑，她继续说道："如果你愿意，你也可以先拿走大的一块，然后按照我说的去做。随你怎么选，但快点，比萨快凉了。"除了建议阿尔多应该学会从圆心切比萨以避免家庭纷争外，你对他还有什么其他的建议吗？

现在假设只按阿尔多的切法把比萨切成4块，而没有后来的故事。应该清楚的是，通过适当选择两条垂线的交点，只有最大的一块能占到比萨的一半以上。我知道，这是一种典型的目测，没有教授会把它当作科学接受，但不用担心，后面还会有另一种论证方法。然而，对于第二次切比萨来说，事情就没有那么简单了，目测这时候也不太好使了。这个问题最早是在1968年的《数学杂志》上提出的。发表的解决方案包括对每块进行分析计算，发现深色区域和浅色区域的总面积是一样的。总之，埃斯特跟阿尔多开了个玩笑，让他怀疑自己做错了，其实先选后选无关紧要。

对大多数人来说，故事在这里就可以结束了。刚才阿尔多面临的问题，现在解决了。但我们在谈论数学：

对数学家来说，有一个糟糕的解决方法好过没有解决方法。但事实上，一个糟糕的解决方法会促使我们去寻找一个更好的解决方法。1994年，拉里·卡特（Larry Carter）和斯坦·沃根（Stan Wagon）在《数学杂志》上再一次证明了两部分总面积相等。这次他们采取了将比萨进行细分的方式，更加清晰地展现了两部分由8对全等图形组成，总面积也是相同的。我再告诉你一个“彩蛋”：如果把比萨切成4块，而不是8块，最大块与最小块跟另两块之间差的就是图27中被标记为“g”和“G”的两部分。

这个故事真的结束了吗？还没有。现在是科普的时候了。取比萨内的任意一点，在这个点上作$2n$个切分线，把比萨分成$2n$块（每块尖角的角度相同），然后把它们分成交替组合的两组，就像开始的那样。

可有以下定理：

① 如果切出的块数是4的倍数，那么这两组的面积相同（只有4块的情况除外）。

② 如果没有切到比萨的圆心，切出的块的数量等于$2+8(n-1)$时，那么包含圆心的一组的总面积比另一组小。唯一的例外是只切一刀，只有两块。

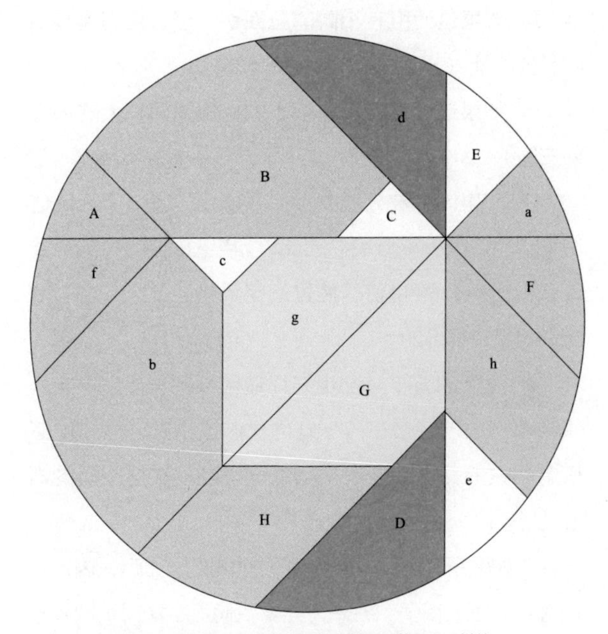

图27　大写字母与小写字母部分的面积总和是一样的

③ 如果没有切到比萨的圆心，切片的数量等于6 + 8（n−1）时，那么其中包含圆心的一组的总面积比另一组大。

④ 如果有一刀切到比萨的圆心，那么两组有相同的总面积。

⑤ 如果这两组有相同的总面积，那么它们也有相同长度的外皮（可理解为比萨的周长）。

⑥ 如果这两组的总面积不同，那么面积大的那组外皮短。

⑦ 如果比萨被分成$4n$块，而人数只有n个人的情况下，也可以公平分配。因此，如果你们有3个人，就可以把比萨分成12份，经过适当选择，每个人得到的比萨也是一样多的。

⑧ 比萨的公平分配也同样适用于调味品，只要调味品都均匀地分布在一个圆内，而这个圆包含了比萨所有切线的交点，这个交点甚至可以不在这个圆的圆心处。

正如你所理解的，数学家们非常喜欢比萨，因为人们对它的研究很多。另外，如果我们更喜欢用一种更常见的方式来切比萨，从圆心开始，制造许多“三角形”或者更准确地说是扇形，就会发现另一个有趣的结果。让我们假设阿尔多和埃斯特都想吃尽可能多的比萨：埃斯特切比萨，阿尔多吃了第一块，然后从另一端拿走了一块，而不将比萨分成两个单独的部分。即使看起来不像，埃斯特也能以这样的方式切比萨，这样阿尔多最终吃到的比萨就不到一半，即使是他先选择哪块！事实上存在这样一种细分方式，不管阿尔多怎么做，他都不会得到超过4/9的比萨。至少在理论上是这样的，因为细分可以做到零厚度；在实践中，可以通过切成尽可能小的块来接近这一结果。除此之外，埃斯特切的比萨数量必须是奇数，否则阿尔多怎么样都能吃到超过一半的比萨。你知道是什么方法吗？

一年中哪天黑得最早

一年中太阳最早下山的日子是哪天？12月21日冬至日？还是12月13日圣露西亚节——就像谚语说的那样，“我们拥有的最短的一天”？这两天都不是，但是圣露西亚节更接近。2016年12月9日和10日，至少在我家所在的地方，太阳将在16:39:43落下；而在12月13日，除非有恶劣的天气，我将享受多16秒的午后太阳；12月21日，日落将被推迟将近3分钟。你能猜到其中的原因吗？答案并不难。在12月10日之后，太阳将会晚些下山，但同时也会晚些升起。为了让大家更明白，我给一个对比的例子：在2016年12月10日，太阳将会在7:52:34升起；但是在2017年的元旦，太阳会在8:03:23（比2016年12月10日晚大约11分钟）升起。日出及日落时间可能会因你的位置不同而有所不同。例如，在梵蒂冈，最受期待的日落将在12月8日出现，以庆祝圣母玛利亚的完美受孕。这种奇异性是如何发生的？原因是开普勒，或者你更喜欢的以他的名字命名的适用于地球实际运动的定律。

我得提前说一下：如果我们通过观察星星来测量一天的长度，那就没有问题了。每一个恒星日——为相对天空中某一特定点地球自转一周的时间——总是有相同的长度：23小时56分钟4秒。与24小时近4分钟的差距是由于地球自转的同时也在绕太阳转；一年里，差的这些时间加起来正好形成一个恒星日（s）。利用这种差异你可以和你的朋友打一个赌。取两枚大小相同的硬币，并排放置，然后问，如果让其中一枚绕着另一枚转一圈，它会旋转几圈？答案是两圈，而不是一圈，这和恒星日与太阳日的区别是一样的。

与太阳相比，测量夜间的时间不容易，也没那么有用，所以我们用太阳日。令人遗憾的是，有两个因素使得太阳日并不总是相同的。第一个因素是地球轨道的倾角。除了形成季节之外，地球倾角的另外一种效应是太阳的运动状态根据其最大高度的不同而不同，太阳日的长度差异，相邻两天可达20.3秒。这个因素所导致的太阳日的整体变化可以用一个正弦曲线来表示，这个曲线在5月初和11月初有两个最大值，在8月初和2月有两个最小值，而在二至点和二分点的时候则是零。

第二个因素是由开普勒定律带来的。你还记得吗?地球不是在圆形轨道而是在椭圆轨道上绕着太阳运行的，且太阳位于椭圆的一个焦点上。这是开普勒第一定律。开普勒第二定律指出，如果有一条想象的线把地球和太阳连接起来，我们测量地球绕着它的轨道运行时这条线扫过的区域，我们会发现在相同的时间，扫过的区域是相等的。所以当地球离太阳较近时，它移动得较快；当它离得较远时，它就会减速。在1月上旬，这会使一天增加7.9秒；而在7月初，我们远离太阳的时候，它的影响则变小。在这种情况下，这些变化因素的组合效应可以用一条正弦曲线表示，这条曲线是在10月初有最大值，而在4月初有最小值。把两条曲线进行叠加，我们得到了一个叫均时差的曲线，如图28所示，它显示了正午的时间差值。当数值小于零时，会提前到达中午；大于零时，则会延迟。这就是为什么在12月接近冬至日的时候，日长几乎是不变的，因为黎明和日落都是向前推进的。实际的结果是，在太阳落山最早的前一天，距离12月13日已经足够近了，因此才诞生了这条谚语。

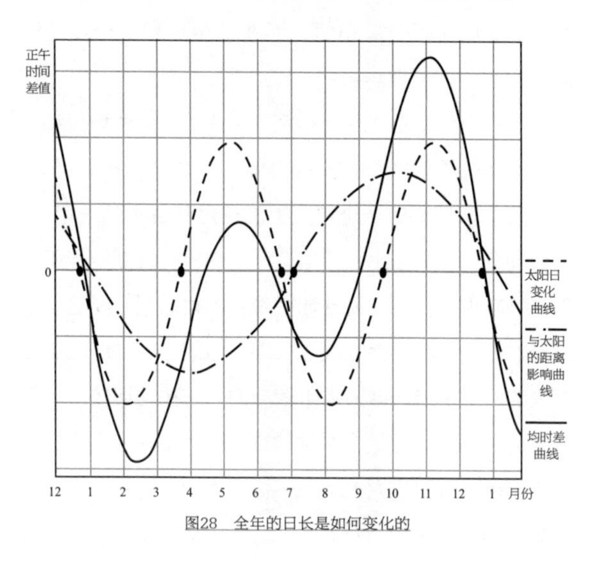

图28 全年的日长是如何变化的

时间方程的一个推论是，如果我们中午12点（以我们的钟表为准）在同一个地点拍摄太阳一年，我们会发现太阳并不总是在同一位置；如果我们将不同日期太阳的位置点放在同一张图上，并将这些点连接起来，我们会得到一条曲线，称之为日行迹，类似于一个非常窄且不对称的8，如图29所示。

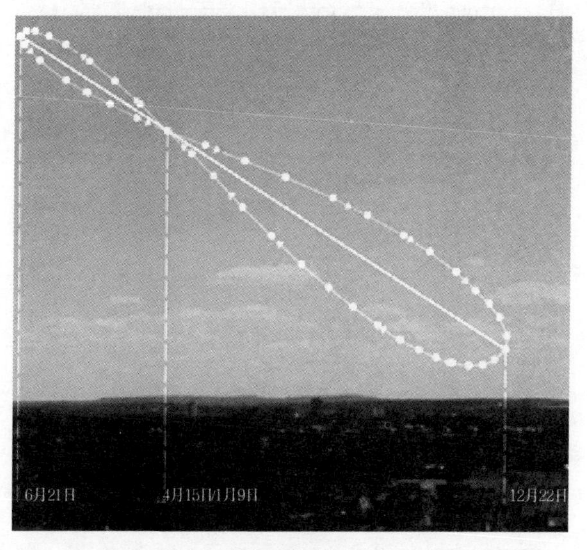

图29　日行迹

借此机会我顺便指出一下，季节并不是在我们认为的平常的日子里开始的。许多人相信至日和分日总是在21号；在我上学的时候，我要记住的日期是3月21日、6月21日、9月23日和12月22日。但那是20世纪的事情，如今“千年虫”破坏了一切。让我解释一下：一年大约是365再加1/4天，所以每4年我们都要在日历上加上一天的时间。冬至和昼夜平分点在非闰年向前移动6小时，然后在闰年向后移18小时。然而，在过去的几年里，有一个小错误，因为超过365天的时间并不是真正的6小时，而是比6小时少了几分钟。

这就是为什么阳历改革之后，整百的年份只有400的倍数不算是闰年。但2000年是闰年，时钟又回到了预期的水平。其结果是，春分现在是3月20日，而在21世纪下半叶，它通常也会是19号；夏至在6月20日和21日之间波动——在2016年，至少在意大利，夏季正式开始是21号，因为我们有夏令时；秋分在9月22日比在9月23日更频繁，而冬季几乎总是在12月21日开始。

比尔·盖茨和翻煎饼难题

我不知道你是否知道美国人在早餐时吃的薄煎饼。假设我们有一堆不同大小的薄煎饼，想要把它们按照直径的大小进行升序摆放，顶部放最小的，底部放最大的。我们唯一可以做的就是拿一把铲子，把它插在任意一张煎饼的下面，然后将铲子上的煎饼抛向空中，让它们在空中倒过来并接住。如图30所示。还是换一个方法介绍吧：给定字符串abcdefghijk——字母对应于不同大小的煎饼——我们可以选择任何一个点（例如e），并反转在那个点结束的子字符串，从而获得edcbafghijk。这一过程的技术术语是前缀颠倒，但很多人都把它称为“煎饼问题”，因为在1975年，数学家雅各布·古德曼（Jacob Goodman）用Harry Dweighter（发音与hurried waiter即“匆忙的服务员”接近）这个笔名发表了这个问题，因为他担心用真名的话同事们会认为他只对这些问题感兴趣，并因此毁掉他未来的数学生涯。

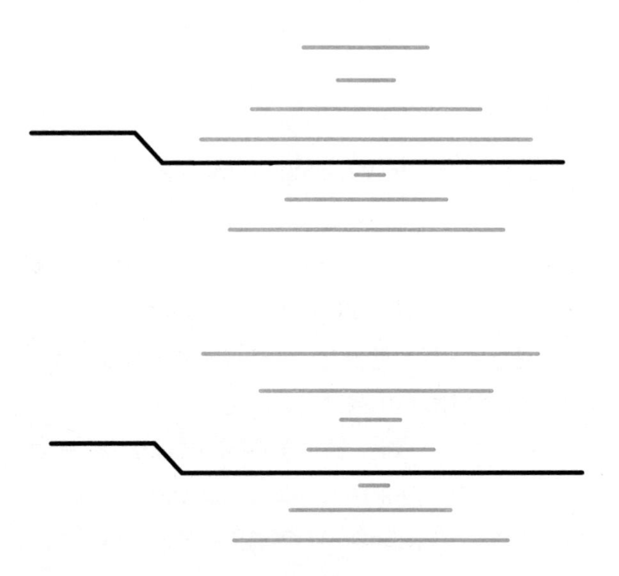

图30　我们把前4张煎饼倒过来了

当煎饼的数量n变化时，在最坏的情况下所需的操作的最小数量$P(n)$是多少？用一种不那么数学的方式说：假设我们总是擅长寻找最快的解决方案，但我们不走运，煎饼堆初始排序是最复杂的那种情况，我们需要做多少次翻面？只有一个煎饼的时候，你不需要做任何事情，所以$P(1)=0$。有两个煎饼时，会有两种情况，要么已经是排好序的，要么需要翻一次面，那么$P(2)=1$。有三个煎饼时，事情开始变得有点复杂了。然而，我们可以看出，对于1–3–2这样的次序，第一步有两种选择（将前两个煎饼翻面变成3–1–2，或者把三个煎饼一起翻面变成2–3–1），然后还需要两步来达到最终的顺序1–2–3。简言之，$P(3)=3$。这时有人可能会假设$P(n)=n$。不幸的是，$P(6)=7$。

随着煎饼数量的增加，手动计算$P(n)$的大小几乎是不可能的；如果使用超级计算机，在这种情况下，在测试的组合数量爆炸式增长后不久，它就会停止，除非一个估算的值就能把我们打发掉。我们可以很快注意到，每增加一个煎饼，需要翻面的次数会比之前增加2。最多翻面两次，我们就可以把最大的煎饼放到最底下。这时我们就不要再动它了，我们又回到前一种情况。因此，当n大于等于2时，$P(n) \leqslant 2n-3$。此外，它必须至少增加1：如果C序列是有$n-1$个煎饼时需要进行最多次翻面的顺序，那么n个煎饼时的序列则为nC'，其中C'是C的反转，需要翻面一次即可达到要求，因此可得$P(n) \geqslant n$。1979年，赫里斯托斯·帕帕季米特里乌（Christos Papadimitriou）和他的学生证明了$17n/16 \leqslant P(n) \leqslant 5(n+1)/3$。这些限制直到1997年才被打破，当时穆罕默德·海达迪（Mohammad H. Heydari）和哈尔·萨德伯勒（I. Hal Sudborough）把限制提高到了$15n/14$，2013年萨德伯勒和一群学生把限制提高到了$18n/11$。公式不是很容易找到，通过查看已知的$P(n)$值也可以看出：除了如上所述的特殊情况，当n在3和5之间时，$P(n)=n$；当n在6和10之间时，$P(n)=n+1$；当n在11和18之间时，$P(n)=n+2$；$P(19)=22$。其他的我就不知道啦。

这和比尔·盖茨有什么关系呢？原因很简单。与帕帕季米特里乌合写1979年那篇文章的学生是威廉·亨利·盖茨三世，正是他创造了微软。这是这位亿万富翁让人意想不到的一面！但是，这个问题仍然存在其他的意外。关于煎饼问题，后来还衍生出了一个变体问题：煎饼不仅要按照顺序摆放，而且烤面必须在底部。除了大肠杆菌的研究人员通过重组DNA片段来解决这个问题之外，关于该主题的理论文章之一是大卫·塞缪尔·科恩[1]撰写的，他是《飞出个未来[2]》的导演之一。这又是一个令人意想不到的发现啊！

冰雹猜想

随便取一个整数，如果是奇数的话就乘以3，然后在结果上加1，如果是偶数的话就减半，最后得到的数……谁知道是奇数还是偶数呢。一直重复这个操作（或许可以用电子表格来避免出错），然后你就会发现一个此前出现过的数字，你知道从这个数字开始就会进入一个循环。从1开始，我们会得到4、2、1，我们发现了一个长度为3的循环。当开始数字是2的时候也会进入这个循环。取3，我们可以得到10、5、16、8、4、2、1，又进入了上一个循环。取7，可以得出22、11、34、17、52、26、13、40、20、10、……此前数字10在取

[1] David Samuel Cohen：也称David X.Cohen，美国著名电视制作人。
[2] Futurama：美国著名喜剧漫画及动画片。

3时出现过了，所以这次我们也将遇到1–4–2–1的循环。总是会这样吗？

这个问题被称为冰雹猜想，是由德国数学家洛萨·科拉茨（Lothar Collatz）在1937年提出的，所以也被称为科拉茨猜想；但是它也被称为“$3n+1$”（当有奇数时执行的操作），或者还有其他的名字。为了精确起见，这个猜想指出，从任何一个正整数开始，迟早会出现1–4–2–1的循环。总之，所获得的数值既不可能超过所有的限度，也不可能产生一个不同的周期。尽管表面上看起来平淡无奇，但这个猜想还是在很多轮论证下挺过来了。一直对所有数学问题跃跃欲试的保罗·厄多斯[1]说，“数学还没有为这类问题做好准备”，并向任何可以解决这个问题的人给予500美元的奖励。你想说点什么？！

实际上，有一些起始数字给了虚假的希望，在进入最终的循环之前会付出很多的代价。如果你想找乐子，试着计算一下从27开始的情况。在你到达1之前，需要111步，在计算过程中最大的数字可以到9232，但最终落入循环的命运似乎不可避

[1] **Paul Erdős**：匈牙利著名数学家。

免。目前，对这个猜想的证明已经进行到了2^{60}（当然，并不是所有的数字都会试的，有一些技巧可以帮我们跳过一些数字）。此外，如果存在一个

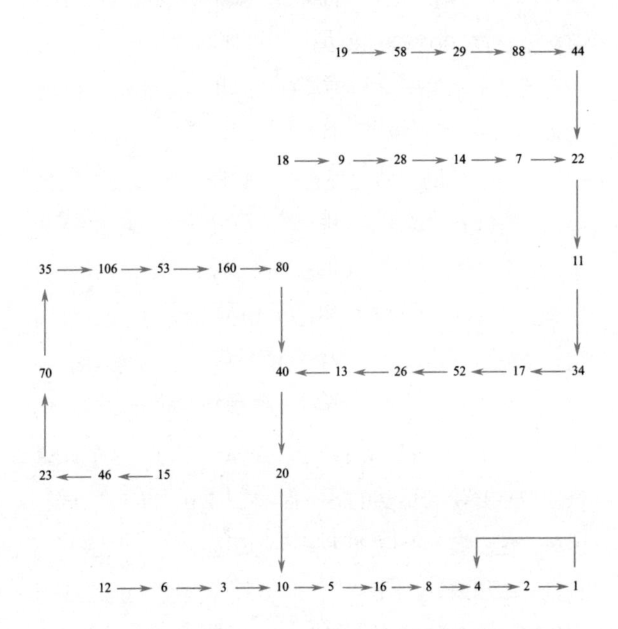

图31 在冰雹猜想中，从1到20的数字的轨道

与普通循环不一致的循环，它必须包含至少35 400个数字。最后，有一些启发式的考虑表明猜想是正确的。关于这一主题的参考资料有不少。杰弗里·拉格尼阿斯（Jeffrey Lagarias）在1963年到1999年收集了197篇文章，在2000年到2012年之间还有134篇文章，他还编写了一本关于这个问题的书：《终极挑战：$3x+1$问题》。

这个猜想的美妙之处在于，只要稍微改变初始条件，就能得到截然不同的结果。举个例子，我们对奇数用“$3n-1$”来进行运算，而不是$3n+1$。从1开始，我们得到一个2–1的循环；从3开始，有8、4、2，直到循环结束；但是，如果我们从5开始，我们的旅程会经过14、7、20、10、5，这样我们至少有两种可能的循环。而“$5n+1$”的情况则更糟：从7开始，这个计算过程似乎是没有尽头的。下面继续，用“$3n+5$”进行计算，这会有一个以38为开头的循环，这个数字乍一看是无法想象的。同样的“$3n+1$”，如果我们把它应用到负数，它会带给我们3个循环，分别从–1、–5和–17开始，还有一个不断重复0、0、0、…。所有这一切都可能使人们认为，缺乏其他循环只是一个特例。这可能是正确的。想想哥德巴赫猜想，即任何大于2的偶数都可以表示为两个质数的和，或者是费马的最后一个定理，以及证明它的复杂程度——没有一个大师能够解决所有问题。总之，大家可以冷静下来，即使是数学家也有为难的时候。

民意调查中的坑

现如今，选举的民意调查似乎比选举还要重要。民意测验成了一种日益普遍的疾病，脱口秀节目每周都会谈论哪个政治力量又丢失或者赢得了几个百分点的支持率。当临近选举时，民意调查结果被禁止发布以免影响选民。然而，有些网站会将民意调查数据伪装成赛马或赛车甚至是秘密会议结果进行发布。有趣的是，预测结果经常被“打脸”，即便所谓的出口民调（从理论上来说，此时的民意调查应该是投票结果的反映）也往往是错误的。是统计错了吗？不一定。

在美国，调查在20世纪初就已经很流行了。在

1936年的美国总统选举中，准确地预测了前5次选举结果的《文学文摘》杂志，公布了他们这次的调查结果。他们从汽车登记名单和电话名录中随机挑选了1 000万名美国公民进行调查，收到了近250万份回复，其中有57%的选民更支持共和党的阿尔弗雷德·兰登，而不是民主党的富兰克林·罗斯福，两人的选举人票数比是370∶161。乔治·盖洛普是一位统计学家，当时他还是扬罗必凯广告公司研究办公室的负责人。对于大选，他却有不一样的想法：根据他的调查——他只采访了5万人——罗斯福将再次当选。这是怎么回事？罗斯福得到了全国60%以上选民的支持（只有1964年的林登·约翰逊获得过这么高的支持率），在48个州中赢得了46个州的支持，只有佛蒙特州和缅因州反对，选举人票数是523票对8票。选举结束后的几个月，《文学文摘》便关门大吉了。而盖洛普，除了被提升为扬罗必凯广告公司的副总裁，还创立了一家世界上著名的民意调查公司——盖洛普公司。不过，他也预测错了1948年大选的结果，这表明没有人是完美的。

《文学文摘》的错误出在了哪里？事实上，有两个。第一个是样本的错误选择。该杂志认为拥有尽可能广泛的样本是很重要的，然后使用了两个巨大的数据库；但在那些年里，美国仍未从大萧条中复苏，汽车和电话的拥有者更容易富有，因此他们倾向于投票给共和党。随后的研究表明，这种偏见（用统计学上的术语说，叫"系统误差"）是不足以预测兰登的胜利的。第二个错误在于，正如前面数据提到的，只有不到四分之一的人做了回复。在这种情况下，回答"失望"要容易得多，特别是对于当时的罗斯福政策，而支持者往往认为没有必要回答这些问题，这两个错误的组合是致命的。盖洛普虽然选择了一个相对较小的样本，却能很好地代表选民团体；最重要的是，他用同一类别的其他人代替那些没有做出回应的人，以避免扭曲结果。

简而言之，我们要知道，重要的是拥有代表性的样本，而不是大样本。但是，终归是样本：我们可能不走运选错了人。即使在最优选择和真实答案的最优假设中，所获得的结果也总是存在误差。幸运的是，此时数学可以帮助我们。它可以证明，如果我们做更多的民意调查，每次总是选择相同数量（n）的受访者，我们能得到不同的结果。如果我们把这些结果放在一起，我们会得到一个高斯分布，其平均数是p的有效百分数，方差是$p\sqrt{1-p}/n$。在实践中，你可以用这两个数来估算哪些调查可能是错误的。我给你们留一些相对的公式。我告诉你，如果你像在典型的调查中那样做，采访1 000个随机选择的人，在95%的情况下，你的结果将有3%的最大误差，即所谓的偏差。当偏差达到20%的时候，说明这个调查的错误非常严重；其他情况的错误会相对少一点。因此，与之前的调查相比，0.5个百分点的差异是非常小的。民意调查可以给出更好或更差的结果，这取决于有多少个细分是先验的，因此取决于子样本的规模。当然要看这个调查是否有效，你需要知道选择了哪个方法来定义样本。例如，今天的电话调查必须考虑到许多人，尤其是年轻人，不再有固定的电话号码。仅仅确保样本真的是随机的，这还不够。正如我所说的，还有必要了解被调查者是否说了真话。例如，在意大利，中右翼选民似乎倾向于隐瞒自己的选票，所以民意调查低估了他们。在2013年的选举中，M5S[1]的成功并没有被预见到，因为调查公司知道人们经常说他们会投票给一个新的政党，但事实并非如此，因此投票

[1] 全称为Movimento 5 Stelle，意为五星运动。M5S是意大利一个新兴的民粹主义政党，成立于2009年。意大利2013年大选中，该党异军突起，成为众议院第一大党。——编者

公司降低了他们的比例。

调查中也确实有一些敏感的话题。例如，如何询问在过去的几个月里是否服用过药物，或者仅仅是最近一周看电视花了多少时间这样的问题，许多被调查者都可能会撒谎。但是有一种方法可以帮助你得到被调查者的真实情况！思路是为他们留一条出路。调查者提供三个信封，其中一个信封里写着“回答不”，第二个写着“回答是”，第三个则是一个敏感的问题。被调查者必须随机选择其中一个信封，看看里面是强制性的回答还是敏感问题，他可以在检查完其他信封后再给出自己的回答。这样，调查者就不知道该被调查者是回答了这个敏感问题，还是按信封里所要求的进行的回答，所以被调查者——如果他发现了这个问题——就会更安心地回答。在收集结果时，很容易消除假问题的影响：如果在300个回答中，有130个“是”，170个“否”，统计学意义上强迫选择的有100个“是”，100个“否”，然后排除掉这些，我们得到了30%的“真实”肯定回答。民意调查是非常微妙的操作，不能只留给民意调查人员！

共享知识

据说，多年前，在偏远的罗卡迪亚群岛，人们分为总是说真话的骑士和总是说谎的坏人。在群岛中的一个小岛上，那里严格执行一夫一妻制，但偷情的情况时有发生。岛上所有的丈夫都知道出轨妻子的情人的名字，但是没有人知道自己妻子的情况。更糟糕的是，直接谈论这些事情被视为禁忌，就像他们的圣文所规定的那样。总之，表面上看起来小岛很稳定，大家都很开心（如果你问这些妻子，她们都知道这件事，但是她们一直小心翼翼不让自己的丈夫知道）。然而，有一天，一个英俊的年轻人来到岛上，停留了几个星期。在他离开之前，他写了一封公开信，感谢所有居民的热情好客，尤其是一位对他热情似火的女士，但他却不能透露这位已婚女士的姓名。岛上的人立刻就召集了全体岛民大会，而酋长知道所有的岛民都是完美的逻辑学家，他说："所有已婚的夫妻每天都要在这里集合，当一个丈夫知道他的妻子偷情时，妻子必须在自己胸前画一个猩红色的A。”（我忘了补充，旅行者已经离开了，但是留下了一些18世纪的小说，而酋长很喜欢阅读这些小说。）两个星期里，没有发生任何变化，但是在第15天突然出现了15个脸色苍白的男人带着15个标着红字的女人。至此水落石出了，所有的偷情者都被发现了。

你能从这个故事中得到什么？抛开这里面极端的性别歧视不谈。从数学的角度来看，也有一些特殊的地方。为什么这些出轨的女性会一起被发现？她们的丈夫是如何知道自己的妻子背叛了他们的？对于这些问题，可以看看在最简单的情况下会发生什么，以推出一般规则，这通常能奏效。如果只有一个人偷情，情况就会很简单。除了她的丈夫，其他人都知道她和人偷情，她丈夫一开始确信所有的已婚妇女都是守规矩的，但他后来听到的并不是这样的情况，他只能去标记他妻子了。如果偷情者是两个人，情况就会发生变化，而且会变化很大！当酋长在岛民大会上提出要求时，没有人感到惊讶，因为每个人都知道偷情者的存在：两个妻子出轨的丈夫认为只有一个，而其他所有的人都知道有两个。第一天，什么也没有发生。但这两个可怜的人，他们的逻辑推理能力也很强，并且知道他们的同胞也是如此，当看到自己所知的那一个偷情的女人胸前没有印记的时候，他们就会明白自己也处于那个偷情女人的丈夫同样的境地，于是只能标记自己的妻子并在公开场合露面。这个故事还在以归纳法继续：如果有n个偷情者，她们的丈夫在第$n-1$天就会意识到他们所认识的出轨女性并没有公开露面，因此他们不得不把自己的妻子标记出来。

但是我们不能立即意识到的是，在这个过程中，似乎都没有交换信息，因为根据规定，这是禁止的。然而，妻子出轨的丈夫却发现了他们的真实处境！所发生的一切都是基于“共享知识”这一理念。实际上，“我知道你知道我知道”不仅仅是一句绕口令和阿尔贝托·索迪[1]的一部电影的片名，它与简单的“我知道”也有所不同。“我不仅知道一个事实，而且我也知道，对话者也知道这个事实。”在最初的故事中，由于谈论偷情的话题是一种禁忌，“知识”是由一个外部因素引入的，这个外部因素起到了催化剂的作用，导致了后面情况的发生。另一个重要的概念是，共享知识的级别不止一个。例如，一个人可以说“我知道你知道我知道你知道我知道”要从一个级别移动到另一个级别，必须有

[1] Alberto Sordi：意大利著名演员、导演和编剧。

一个外部代理。在这种情况下，作为一名优秀的逻辑学家，酋长设计出了一种日常会议的时钟。每次会议都是让每个人都能进入更高级别的共享知识的时刻。

然而，请注意：共享知识并不总是可行的。想象一下有两支军队A和B必须同时攻击位于他们之间的敌人。军队A的指挥官决定发动攻击的时间，并派出信使告知军队B的指挥官，信使必须穿越敌军领地，并且可能被杀死，因此指挥官不知道B指挥官是否被告知。但是，即使信息安全送达，B指挥官也面临同样的困境：他如何告知A指挥官自己已经接收到了信息？他可以再派一些信使过去，但是他不知道信使是否能安全到达，派信使可以是无限的，或者是直到没有信使可派。不要认为这是一场微不足道的游戏！TCP/IP协议是Internet通信的基础，它的工作原理就是这样的，即需要确认收到的每个数据包的接收情况。通常情况下，不会出现问题，但在数据连接不稳定的情况下，可能会发生数据已被接收，但因为没有收到任何确认而继续发送。理论上讲，这个问题是无法解决的，实际上最糟糕的是这个连接已经断掉。

我最后再提出两个与共享知识有关的问题。第一个是，两名数学家在几年后相遇。其中一个问另一个："你有三个孩子？他们多大了？"第二个数学家的回答是："他们年龄的乘积以整数表示是36，而年龄的和是我们面前房子的门牌号码。"第一个数学家思考了一会儿之后，抱怨道："但是你没有给我足够的信息！""还真是，对不起。我家大孩子有双蓝色的眼睛。"请问第二个数学家的孩子都是多大？第二个问题是我为中国的休闲数学杂志写的一篇文章。在标题旁边有一条注释："感谢王教授把这篇文章译成中文。"这条注释上还有注释，上面写着："感谢王教授将上一条注释译成中文。"后面这条注释也附有注释："感谢王教授将上一条注释译成中文。"最后这条注释没有再加注释了。为什么我没有继续无限次地增加注释呢？

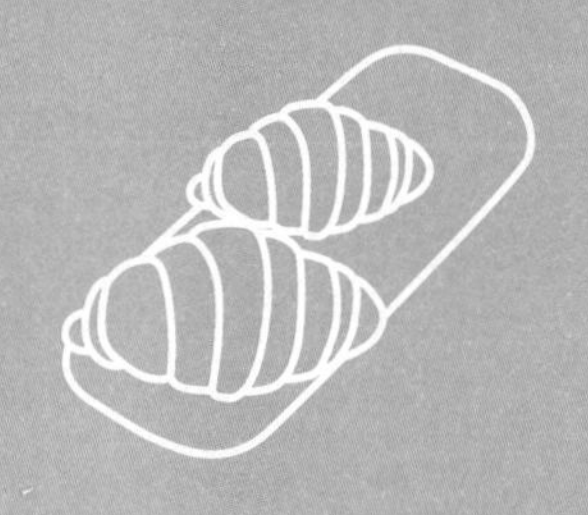

餐后助消化

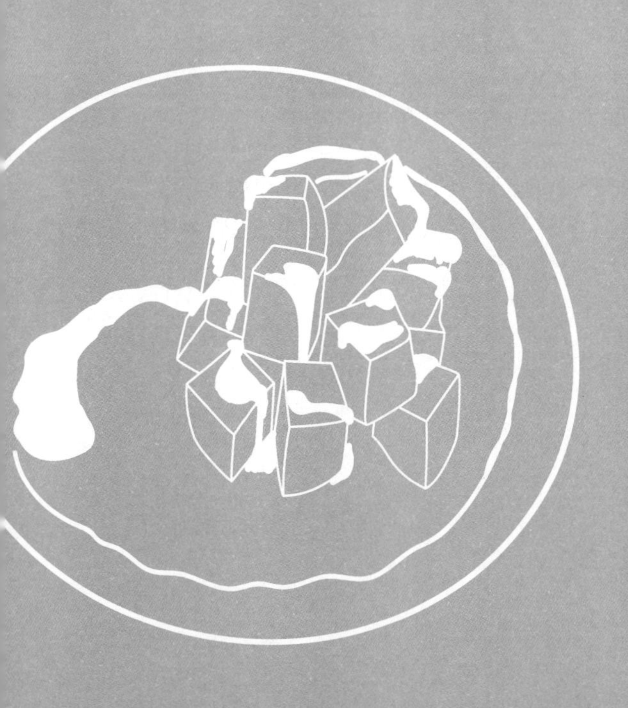

在这里，我首先要感谢那些为最终结果做出贡献的人们。恩里科·卡萨代（Enrico Casadei）和斯特凡诺·米拉诺（Stefano Milano），他们协助我在《咖啡时间聊数学》之后又完成了这本书的创作。亚当·阿特金森（Adam Atkinson）、马可·菲斯凯蒂（Marco Fischetti）、朱塞波·弗拉卡罗利（Giuseppe Fraccalvieri）、保罗·西尼加利来（Paolo Sinigaglia）和克劳丁·图拉（Claudine Turla）都是我的读者，他们告诉我哪里有错误的或不清楚的地方，帮助我使文字更通俗易懂。尤其感谢我的妻子安娜（Anna），她帮助我进行写作和修改，以及我的双胞胎孩子雅各布（Jacopo）和塞西莉亚（Cecilia）兄妹，他们给了我足够的力量，让我没有在晚餐后崩溃，并致力于书稿的写作。

香烟的悖论是一个玩笑，至少如果我们使用标准的数学规则的话。我在正文中写道，这个过程是通过归纳法进行的，但是实际上并没有“第一步”可以应用归纳假设。

埃斯特在策略中削减了比萨的数量，就像这样：用两种深浅不同的灰色来区分，其中一种可以占到至少一半的比萨。阿尔多将首先从灰色的部分中进行选择，然后继续保持同样的数量。阿尔多每次都只能选择另一种灰色的部分，让埃斯特可以从另一种灰色中获得一部分。

在“共享知识”一节，第一个问题不仅是两个数学家之间的共享知识，而且还与我们有共同的知识。的确，我们不知道房子的门牌号，因此也不知道第二个数学家的孩子的年龄总和；但需要明白的是，即使我们知道这个数字（就像第一个数学家一样），我们也无法计算出孩子们的年龄。这就意味着，年龄总和这个数字至少有两组不同的解，唯一可能的是这个和是13，对应于两种情况：6、6、1或9、2、2。知道他有一个更大的孩子，就排除了第一种情况，那么第二个数学家就是有一个9岁的孩子和一对2岁的双胞胎。第二个问题是在开玩笑，我的那篇文章并不存在。因为，我甚至都不认识汉字，但这不妨碍我讲述一个句子。

最后，我给大家推荐三个网站，你可以在这些网站中发现更多的信息。这三个网站分别是维基百科、亚历克斯·博戈莫利内（Alex Bogomolny）的快刀斩乱麻网站（cut-the-knot）和MathWorld(数学世界）网。

三个网站为英语网站，其中Math World的专业性更强，但它们都是了解数学很好的起点。对于悖论，斯坦福哲学大百科网站是一个有价值的参考资源。我在我的博客和Facebook（脸谱网）个人主页上也添加了更多的资料。

本书部分图片（图2、图10、图18、图21、图27、图29）来自维基共享资源，获得知识共享（Creative Commons CC-BY-SA）许可。图20的扑克牌由nicubunu设计。